Web开发秘方
Web Development Recipes

[美] Brian P. Hogan,
Chris Warren,
Mike Weber,
Chris Johnson,
Aaron Godin 著

七印部落 译

内容简介

不借助插件，怎样在移动设备上实现动画效果？如何跨浏览器显示网页？怎样制作跨PC和移动设备显示的应用界面？怎样利用最新的JavaScript框架（Backbone和Knockout）提高应用的响应速度？怎样有效利用CoffeeScript和Sass开发和维护客户端代码？如何发挥Git管理版本库的功效？怎样对付Apache服务器？本书包含42种Web开发技巧，从UI效果制作到数据分析处理，从测试方法到主机配置，不一而足，案例详实，细节清晰，帮助读者节省开发时间，提高工作效率。

Web Development Recipes.

Copyright © 2012 The Pragmatic Programmers, LLC. All rights reserved.

湖北省版权局著作权合同登记　图字：17-2013-056号

图书在版编目(CIP)数据

Web开发秘方/(美)霍根（Hogan, B. P.）等著；七印部落 译. —武汉：华中科技大学出版社，2013.7
ISBN 978-7-5609-8895-5

Ⅰ.①W… Ⅱ.①霍… ②七… Ⅲ.①网页制作工具 Ⅳ.①TP393.092

中国版本图书馆CIP数据核字(2013)第081442号

Web开发秘方	[美]霍根（Hogan, B. P.）等著；七印部落 译

策划编辑：徐定翔　　　　　　　　　　　　　　　责任校对：朱　霞
责任编辑：江　津　　　　　　　　　　　　　　　责任监印：周治超

出版发行：华中科技大学出版社（中国·武汉）
　　　　　武昌喻家山　邮编：430074　电话：(027)81321915
录　　排：华中科技大学惠友文印中心
印　　刷：湖北新华印务有限公司
开　　本：787mm×960mm　1/16
印　　张：21.25
字　　数：378千字
版　　次：2013年7月第1版第1次印刷
定　　价：66.00元

本书若有印装质量问题，请向出版社营销中心调换
全国免费服务热线：400-6679-118　竭诚为您服务
版权所有　侵权必究

读者对本书的赞誉
What Readers Are Saying About Web Development Recipes

《Web 开发秘方》精选 Web 开发实用技巧，方便学习 Web 设计和 Web 开发的读者快速掌握日常工作所需技巧，内容涵盖用户界面设计、测试方法、CSS、jQuery 等多个方面。全书行文言简意赅，尤其适合渴望学习新技巧的 Web 开发者阅读。

▶ **Peter Cooper**
　Ruby Inside、HTML5 Weekly、JavaScript Weekly 网站编辑

我从未见过内容如此丰富的 Web 开发图书，这才是实实在在可以用到实际项目中的技巧。

▶ **Matt Margolis**
　Getty Images 公司应用开发部经理

《Web 开发秘方》不仅实用，而且适用面广。凡是从事 Web 开发和 Web 设计工作的读者都能从书中找到解决实际问题的技巧和提示。

▶ **Ray Camden**
　Adobe 公司技术培训师

这本书是我目前读过的最棒的 Web 开发工具书。进入这一行的新手如果单凭自己摸索，往往要花很长时间才能积累有效的经验。阅读本书可以在最短的时间内掌握这些技巧。即便是有经验的开发者，也能从中发现许多新技巧。

➤ **Steve Heffernan**
VideoJS 创始人

这本书堪称 Web 开发领域的设计模式，其中的解决方案几乎适用于所有的 Web 开发平台。这本书既适合新手学习，也可以作为有经验开发者的参考书。作者能把丰富的内容以简单易懂的形式展现出来，实属不易。

➤ **Derick Bailey**
Muted Solutions 公司独立软件开发者

目录 Contents

致谢 V
前言 IX

第1章 养眼效果 1
- 1号秘方 设计按钮和链接 2
- 2号秘方 使用 CSS 设计评论 6
- 3号秘方 用 CSS3 变形技术创建动画 13
- 4号秘方 用 jQuery 创建交互幻灯片 18
- 5号秘方 设计创建行内帮助对话框 24

第2章 用户界面 33
- 6号秘方 创建 HTML 格式的电子邮件模板 34
- 7号秘方 多 Tab 界面的内容切换 45
- 8号秘方 可访问的展开和折叠 52
- 9号秘方 使用快捷键与网页交互 59
- 10号秘方 使用 Mustache 创建 HTML 67
- 11号秘方 用无尽分页方式显示信息 73
- 12号秘方 带状态的 Ajax 79
- 13号秘方 通过 Knockout.js 使客户端交互更清爽 84
- 14号秘方 使用 Backbone.js 组织代码 93

第3章 数据处理 111
- 15号秘方 嵌入一幅 Google 地图 112
- 16号秘方 使用 Highcharts 创建图表和图形 118
- 17号秘方 创建简单的联系人表单 126
- 18号秘方 利用 JSONP 访问跨网站数据 134
- 19号秘方 创建 Widget 嵌入其他站点 138

20 号秘方　使用 JavaScript 和 CouchDB 建立带状态的网站 144

第 4 章　移动开发 ... 153
21 号秘方　面向移动设备的开发 ... 154
22 号秘方　触摸响应式下拉菜单 ... 159
23 号秘方　移动设备上的拖放 ... 162
24 号秘方　利用 jQuery Mobile 创建用户界面 ... 169
25 号秘方　CSS Sprite 技术 ... 178

第 5 章　流程优化 ... 183
26 号秘方　使用栅格快速有效地进行设计 ... 184
27 号秘方　以 Jekyll 创建简单 Blog ... 193
28 号秘方　以 Sass 搭建模块化样式表 ... 201
29 号秘方　以 CoffeeScript 清理 JavaScript ... 209
30 号秘方　以 Git 管理文件 ... 216

第 6 章　测试方法 ... 227
31 号秘方　调试 JavaScript ... 228
32 号秘方　用户点击热图分析 ... 234
33 号秘方　使用 Selenium 测试浏览器 ... 237
34 号秘方　Cucumber 驱动 Selenium 测试 ... 242
35 号秘方　Javascript 测试框架 Jasmine ... 255

第 7 章　安装部署 ... 267
36 号秘方　使用 Dropbox 来托管静态网站 ... 268
37 号秘方　建立虚拟机 ... 272
38 号秘方　使用 Vim 修改 Web 服务器配置文件 ... 277
39 号秘方　使用 SSL 和 HTTPS 来加强 Apache 安全 ... 283
40 号秘方　保护你的内容 ... 287
41 号秘方　URL 重写来保护链接 ... 291
42 号秘方　使用 Jammit 和 Rake 自动化部署静态网站 ... 296

附录　安装 Ruby ... 305

参考文献 ... 309

索引 ... 311

翻译审校名单 ... 323

致谢
Acknowledgments

人常说光靠作者一个人是写不出书的，此话不假。虽然本书由五人合作完成，但是也少不了朋友们的帮助。没有大家的付出，就不会有这本书的出版和我们所获得的写作体验。

责任编辑 Susannah Pfalzer 不断与我们沟通，以保证书稿的语句完整、内容连贯、衔接自然。我们致力于展现最新的 Web 开发解决方案和工具，而 Susannah 则时刻提醒我们写清楚为什么要解决，以及如何解决问题，增强了书稿的可读性。

因为时间仓促，书中的错误和疏漏在所难免。好在我们有强大的技术审校团队：Charley Stran、Jessica Janiuk、Kevin Gisi、Matt Margolis、Eric Sorenson、Scott Andreas、Joel Andritsch、Lyle Johnson、Kim Shrier、Steve Heffernan、Noel Rappin、Sam Elliott、Derick Bailey 和 Kaitlin Johnson。感谢他们的无私付出。

特别感谢 Dave Gamache 针对 Skeleton 提出的宝贵建议，感谢 Trevor Burn 针对 CoffeeScript 提出的反馈意见，还有 Steve Sanderson 纠正了我们使用 Knockout.JS 的错误，以及 Benoit Chesneau 帮助我们解决了 Couchapp 的安装问题。

David Kelly 设计了封面。虽然我们也喜欢"熏肉 style"的那款设计，但总的来说大家对现在的封面都很满意。

衷心感谢 Pragmatic Bookshelf 出版公司的 Dave Thomas 和 Andy Hunt 提供了这次写作机会。他们不仅分享了宝贵的写作经验，更难得的是把作者放在最重要的位置。有了这样的信任和尊重，任何困难都变得微不足道了。

此外，还要感谢我们的业务合作伙伴 Erich Tesky、Austen Ott、Emma Smith、Jeff Holland 和 Nick LaMuro。感谢他们在出版过程中提供的帮助和反馈。

Brian Hogan

虽然我已经在 Pragmatic Bookshelf 出版了两本书，但这次写作仍然充满挑战（尽管我只写了 1/5 的内容）。感谢本书的合著者们适时出现，Chris、CJ、Mike 和 Aaron 都贡献了精彩的内容，这本书值得我自豪，谢谢他们！

我还要感谢妻子 Carissa，她的付出保证了我有足够的时间写作。没有她的支持，我不可能完成这项任务。

Chris Warren

感谢妻子 Kaitlin 的理解和支持，容忍我夜以继日，独自伏案写作。没有她，那些日子会变得更难熬。

感谢合著者的慷慨分享。大家都是老朋友了，第一次合作写书非常愉快。特别要感谢 Brian，在我学习编程的过程中，他对我的帮助最大，也是他邀请我参与写作的。

最后，感谢父母对我学习编程的鼓励和支持。写作的事我一直瞒着你们，只因我想给你们一个惊喜。

Mike Weber

首先要感谢 Brian Hogan，他既是我进入 Web 开发领域的引路人，也是我多年来的老师。现在他又邀请我写书。没有他，这一切都不会发生。

感谢 Chris、CJ 和 Aaron，谢谢他们在写作过程中给予的支持，以及一直以来对我的帮助。

感谢我的家人，他们的督促帮助我能按时交稿。

最后感谢妻子 Kaley，为了安心写作，我许多晚上都不能陪她。

Chris Johnson

感谢我妻子 Laura 在写作过程中给予的支持。为了这本书，她舍弃了许多本该与我共渡的美好时光，主动充当我的司机，还放弃了计划好的夏季活动。

感谢父母教会我为梦想努力，从不轻言放弃。爸爸，谢谢你，为了我写作，你推迟了自己的创业计划。

感谢 Brian、Chris、Mike 和 Aaron。你们的建议和鼓励让我受益匪浅，帮助我克服了一个个难关，衷心表示感谢。

感谢所有的审校者，谢谢你们出色的技术审校工作。

Aaron Godin

Brian、Chris、Mike 和 CJ 激励着我，他们都是我学习的榜样。感谢大家对我的督促，尤其是在我想放弃的时候。特别要感谢 Brian，你是最好的良师益友。

感谢 Brian 对我的关心和耐心，感谢 Taylor 的鼓励和支持，你们是我克服困难的精神支柱。

最后，感谢父母对我无条件的关爱、理解和支持，并放手让我做自己想做的事。感谢你们赐予我智慧和勇气面对困难和挑战。

前言
Preface

只会一点 HTML、CSS 和 JavaScript 已经远远不够用了，今天的 Web 开发者不仅要会编写可测试的代码、设计交互界面、集成各种服务，还要学会配置服务器（或者至少会一点后端知识）。本书精选新一代 Web 开发者需要掌握的开发技巧和解决方案，内容涵盖了从美化前端用户界面的 CSS 技巧到优化后端服务器的配置方法。

本书为谁而写？
Who's This Book For?

这本书是写给从事 Web 开发相关工作的读者看的。希望扩展业务技能的 Web 设计师和前端开发人员可以从中学习新的开发工具的工作流程，从而提高工作效率，同时还能接触到一些实用的服务器端应用技巧。

从事服务器端开发工作的读者可以从中学会前端开发技巧，找到各种前端问题的解决方案，特别是提高测试效率和改善工作流程的技巧。

阅读本书最好具备基本的客户端编程知识，能够阅读 JavaScript 和 jQuery 代码。如果有些部分读不懂也没关系，你可以先使用书里的代码解决问题，回头再慢慢研究原理。

本书包含哪些内容？
What's in This Book?

本书收集了大量 Web 开发技巧，我们称之为秘方。每个秘方针对一个具体的问题，由问题描述和解决方案两部分组成。这些问题包括如何测试应用在不同浏览器下的表现，如何快速搭建简单的静态网站，如何从大量电子邮件中提取联系人信息，如何配置 Apache 来重定向 URL 并提供更稳定的服务，等等。

我们尽可能解释每个秘方的工作原理，让读者知其然，也知其所以然，做到活学活用。由于篇幅有限，本书不可能讲解复杂的系统架构，每个秘方末尾的深入研究部分提供了进一步学习的相关资源。

虽然秘方根据不同的主题分成 7 章，但是读者不必受章节限制，可以自由挑选感兴趣的章节阅读。每章的内容都是由浅入深，最难的秘方通常放在最后。

第 1 章　养眼效果利用 CSS 和其他技巧美化 Web 应用的外观细节。

第 2 章　用户界面旨在提高用户界面的质量，用到了各种 JavaScript 框架（比如 Knockout 和 Backbone 等）。读者还将学习到优化模板的技巧，以提高发送 HTML 电子邮件的效率。

第 3 章　数据处理介绍各种处理数据的方法，比如建立简单的联系人清单，使用 CouchDB 中的 CouchApp 搭建数据库驱动的 Web 应用等。

第 4 章　移动开发讲解各种移动平台上的应用技巧，比如发挥 jQuery Mobile 的作用，处理多点触控事件，思考哪些应用适合为用户提供移动服务等。

第 5 章　流程优化介绍提高开发效率的技巧，比如，使用 SASS 大幅提高处理复杂样式表的效率，使用 CoffeeScript 编写更简洁、更易于管理的代码等。

第 6 章　测试方法讲解自动测试的技巧，读者将学会如何测试自己的 JavaScript 代码。

第 7 章　安装部署介绍了搭建虚拟机环境的方法，这样读者可以更安全地测试自己的 Web 应用。此外，读者还将学习提高网站安全性和稳定性的技巧，以及重定向的方法。此外，还介绍了自动部署网站的方法，降低遗漏上传文件的机率。

阅读前的准备
What You Need

阅读前的准备本书包含了许多最新的 Web 开发技巧。虽然新技术的发展日新月异，但这些技术的基本原理已经稳定，值得推荐给大家。读者可以在本书的网站上下载相关库函数和示例的源代码。

虽然我们想方设法降低了阅读难度，但读者还是需要掌握一些基础知识才能更好地阅读本书。

HTML5 和 jQuery
HTML5 and jQuery

本书示例使用的都是 HTML5 风格的标记，比如，我们避免使用自封闭标签，但尝试运用了`<header>`和`<section>`之类的新标签。如果读者对 HTML5 不熟悉，建议先阅读 HTML5 的相关资料。

由于我们使用的库函数大多都是基于 jQuery 的，所以书中许多示例用到了 jQuery。我们使用的版本主要是 Google 的内容分发网络提供的 jQuery 1.7。有个别示例使用的是其他版本，遇到这种情况会另做说明。

Shell
The Shell

本书大量使用了命令行程序。一行简单的命令往往可以起到点击若干次鼠标的作用，因此使用命令行程序（特别是批处理命令行程序）可以大大提高工作效率。解释命令的工具统称为 shell，在 Windows 操作系统中，shell 是命令行（command prompt），在 OS X 和 Linux 操作系统中，shell 是命令终端（the terminal）。

下面是一行很常见的命令：

```
$ mkdir javascripts
```

这里的$是 shell 的提示符，不需要读者输入。虽然不同操作系统可能使用不同的提示符，但实际用法大同小异，相信读者很快就能适应。

Ruby

有些秘方用到了 Ruby，还有些工具（如 Rake 和 Sass）必须安装 Ruby 才能使用。附录 1 介绍了安装 Ruby 的方法。

QEDServer

有几个秘方用到了 QEDServer。QEDServer[1]是一个独立的、自带数据库的 Web 服务器程序，配置起来非常简单，而且可以跨平台工作，但需要事先安装 Java 运行时环境。书中提到的"开发服务器"如无特殊说明，指的就是 QEDServer。QEDServer 可以为 Web 应用提供一个相对稳定的测试环境，并且可以方便地处理本地的 Ajax 请求。

书中使用的 QEDServer 版本以及示例代码可以在本书的网站上下载。

QEDServer 很容易启动。Windows 操作系统上的启动文件是 `server.bat`，如果是 OS X 或 Linux 操作系统，请运行 `./server.sh` 文件。运行后，系统会建立一个公共文件夹作为工作空间。只要在文件夹下创建一个 `index.html` 文件，就可以使用地址 http://localhost:8080/index.html 在浏览器里访问该页面。

虚拟机
A Virtual Machine

有几章用到了利用 Apache 和 PHP 搭建的基于 Linux 的 Web 服务器。37 号秘方讲解了安装该服务器和虚拟机的方法。另外，读者还可以在本书的网站上直接下载已经配置好的虚拟机。注意，运行虚拟机之前需要先安装 VirtualBox[2]。

在线资源
Online Resources

读者可以访问本书网站[3]下载所有的示例代码，以及 QEDServer 和配置好的虚拟机。

---

1 本书的版本可从 http://webdevelopmentrecipes.com/ 得到。
2 http://www.virtualbox.org/
3 http://pragprog.com/titles/wbdev/

我们衷心希望《Web 开发秘方》能帮助您更好地完成下一个 Web 开发项目。

Brian、Chris、CJ、Mike 和 Aaron

第 1 章

养眼效果

Eye-Candy Recipes

应用稳定固然很好,适当修饰的用户界面则是锦上添花。如果它们容易实现,那就更好了。本章将使用 CSS 来设计按钮和文本,然后用 CSS 和 JavaScript 来实现一些动画效果。

1 号秘方　设计按钮和链接
Styling Buttons and Links

问题
Problem

在我们与网站的交互中，按钮是很重要的元素，因此，把按钮设计得与网站的风格相匹配很有必要。例如，有时我们希望提交按钮和取消表单链接的外观看上去更协调，但其前提是不必为每个元素单独制作图片。

要素
Ingredients

符合 CSS3 标准的浏览器，如 Firefox 4、Safari 5、Google Chrome 5、Opera 10，或 Internet Explorer 9。

解决方案
Solution

通过使用样式和一些 CSS 规则，我们能创建一个样式表，让链接和按钮拥有一致的外观，比如看上去都像是按钮。我们从创建包含一个链接和一个按钮的简单 HTML 页面开始。

```
cssbuttons/index.html
<p>
  <input type="button" value="A Button!" class="button" />
  <a href="http://pragprog.com" class="button">A Link!</a>
</p>
```

注意，两个元素都指定了 button 样式。我们把这个样式同时用在链接和按钮上，这样它们就具有相似的外观了。

当我们建立 button 样式的时候，大多数属性是同时应用于链接和按钮的，然而，还有一小部分属性是为了使两者一致而进行微调用的。

我们先给两者加上基本的 CSS 属性。

```
cssbuttons/css-buttons.css
font-weight: bold;
background-color: #A69520;
text-transform: uppercase;
font-family: verdana;
border: 1px solid #282727;
```

结果看起来像是这样：

两个元素看上去大致相似，但是离我们的目标还差得很远。字体大小和间距都不一样，很容易就能分辨出来。

```
font-size: 1.2em;
line-height: 1.25em;
padding: 6px 20px;
```

通过设置样式的字体大小、行高和间距，我们覆盖了已经设置在链接和按钮上的样式。

但还是有一些不一致的地方要处理。

```
cursor: pointer;
color: #000;
text-decoration: none;
```

默认的链接会使光标从箭头变为手形，但按钮不会。此外，链接有默认的颜色而且有下划线。

在浏览器里放大页面，你会发现尽管两者的高度非常地接近，但链接还是会稍微小一点。这种差异在移动设备上使用放大功能的时候会更加明显，所以我们还得设法调整。

```
input.button {
  line-height:1.22em;
}
```

用 `button` 样式给按钮元素设置一个稍大一点的行高，使它与链接看起来高度一致。这里没有简单的方法找出需要的高度，只有在浏览器里放大它们并调整行高直到按钮看起来一样高。

消除了最后的差异，然后我们再优化整体外观，比如使用圆角和添加阴影效果，就像这样：

```css
border-radius: 12px;
-webkit-border-radius: 12px;
-moz-border-radius: 12px;

box-shadow: 1px 3px 5px #555;
-moz-box-shadow: 1px 3px 5px #555;
-webkit-box-shadow: 1px 3px 5px #555;
```

我们给半径和阴影属性各添加三行代码来确保这个效果兼容尽可能多的浏览器。对于支持 CSS3 的浏览器来说，每组的第一行代码就足够了，但是 `-webkit-*` 和 `-moz-*` 可以提高对低版本 Safari 和 Firefox 的兼容性。

接下来我们给按钮的背景添加渐变效果。稍后设置按钮按下效果时，也用得着它。

```css
background: -webkit-gradient(linear, 0 0, 0 100%, from(#FFF089), to(#A69520));
background: -moz-linear-gradient(#FFF089, #A69520);
background: -o-linear-gradient(#FFF089, #A69520);
background: linear-gradient(top center, #FFF089, #A69520);
```

同样，我们用多行代码来兼容不同的浏览器，并给按钮的背景创建了渐变效果。注意，-o-*是为了支持 Opera 浏览器，这在最后一组 CSS 属性中不是必须的[1]。

最后，我们要添加样式来处理点击事件，这样当按钮被按下时就会出现相应的变化。否则会使用户感到困惑。有很多方法来表现按钮被按下，最简单的办法是反转渐变效果。

```
.button:active, .button:focus {
  color: #000;
  background: -webkit-gradient(linear, 0 0, 100% 0,
    from(#A69520), to(#FFF089));
  background: -moz-linear-gradient(#A69520, #FFF089);
  background: -o-linear-gradient(#A69520, #FFF089);
  background: linear-gradient(left center, #A69520, #FFF089);
}
```

有很多方法能够反转渐变效果，最简单的方法是交换渐变两端的颜色。通过在 .button:active 和 .button:focus 上设置这个背景色，我们可以确保不论是链接还是按钮被点击时，都会发生变化。

通过 CSS 样式来控制链接和按钮的外观，让我们能用最合适的方式设计并使用它们，像是页面间的跳转链接或者提交数据的按钮。既能保持界面的一致性，又不需要依靠 JavaScript，用链接来提交表单或是点击按钮跳转到其他页面。这样不仅避免了老版本浏览器的兼容问题，也能更容易地理解页面的工作原理。

深入研究
Further Exploration

如果你不想让用户点击某个按钮，你可以把它从页面上删掉，或者给它添加一个 disabled 样式。这时它看起来会是什么样的呢？有了合适的不可用按钮样式之后，怎样才能真正禁用这个按钮呢？Input 按钮有一个 disabled 属性，如果是链接的话，你就需要用到 JavaScript 了。

另请参考
Also See

- 2 号秘方　使用 CSS 设计评论
- 28 号秘方　以 Sass 搭建模块化样式表

---

[1] 为了帮助你正确地设置渐变，请查看 http://www.westciv.com/tools/gradients/。

2 号秘方 使用 CSS 设计评论
Styling Quotes with CSS

问题
Problem

专家的引文和用户的称赞非常重要，所以我们经常促使别人去注意它们。我们会留出一些边距、增大字体或者使用大大的弯曲的引号来突出这些引文。在网站上，我们会使用简单且可重复的方式，让引文的内容和代码能够区分开来。

工具
Ingredients

支持 HTML5 和 CSS3 的浏览器

解决方案
Solution

通常我们使用 CSS 来区分介绍和内容，设计引文也不例外。新的浏览器支持一些更高级的属性，不用在页面上添加额外的标记，我们就能突出我们的引文内容。

在 2 号秘方中，我们关注的是设计引文的样式，但所讨论的技巧也可以应用于其他情况。例如，把我们要写的 CSS 与 7 号秘方（第 45 页）中的代码结合在一起，我们就可以进一步自定义不同例子中的样式，通过修改颜色区分不同的数据集。我们还可以应用于 25 号秘方（第 178 页），给我们的引用或例子添加背景图片。

我们要给某产品页面添加一些客户的评论。它们往往只有几句话，但是每个产品页面有多个引用，而且我们希望它们能从产品描述中突显出来。首先介绍实现这个需求会用到的 HTML 和 CSS 技术。

我们将从建立 HTML 结构开始，为 CSS 搭建一个基础框架。使用 `<blockquote>` 和 `<cite>` 标签分别包住评论和来源。

```
cssquotes/quote.html
<html>
  <head>
    <link rel="stylesheet" href="basic.css">
  </head>
  <body>
    <blockquote>
      <p>
        Determine that the thing can and shall be done,
        and then we shall find the way.
      </p>
    </blockquote>
    <cite>Abraham Lincoln</cite>
  </body>
</html>
```

该引用有很好的语义标记，下面设计它们的样式。先用一个简单的方法给引用添加一个边框线，增大字号，同时突出作者的名字并使之右对齐，如图 1 所示。

```
cssquotes/basic.css
blockquote {
  width: 225px;
  padding: 5px;
  border: 1px solid black;
}

blockquote p {
  font-size: 2.4em;
  margin: 5px;
}

blockquote + cite {
  font-size: 1.2em;
  color: #AAA;
  text-align: right;
  display: block;
  width: 225px;
  padding: 0 50px;
}
```

在该基础样式中，我们给主要元素<blockquote>和<cite>设置了一样的宽度。我们在<cite>标签上使用了相邻节点选择器，确保只更改了紧随<blockquote>标签出现的<cite>标签样式，而不去改动其他的<cite>标签。除此之外，我们改变了作者名字的颜色，并调整了文字间距，最终得到了简单美观的引文。

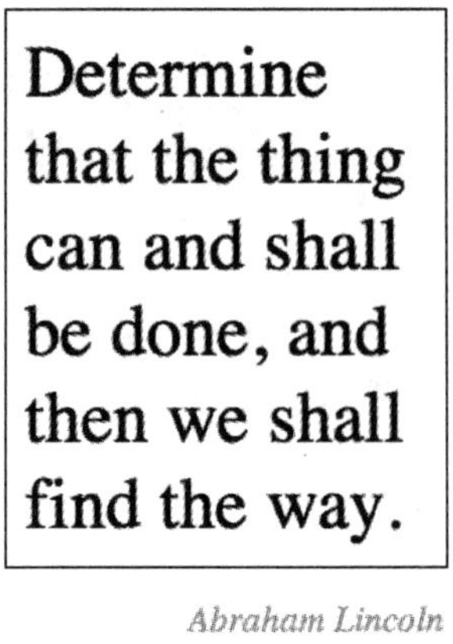

> Determine that the thing can and shall be done, and then we shall find the way.
>
> *Abraham Lincoln*

图 1　基础引文样式

我们已经建立了引文的基础样式，接下来我们会做得更花哨一些。相比于使用边框，这次我们在引文上添加一个大大的引号"〞"来吸引眼球并让它在内容中突显出来，如图 2 所示。

```css
cssquotes/quotation-marks.css
blockquote {
  width: 225px;
  padding: 5px;
}

blockquote p {
  font-size: 2.4em;
  margin: 5px;
  z-index: 10;
  position: relative;
}

blockquote + cite {
  font-size: 1.2em;
  color: #AAA;
  text-align: right;
  display: block;
  width: 225px;
  padding: 0 50px;
}

blockquote:before {
  content: open-quote;
  position: absolute;
  z-index: 1;
  top: -30px;
```

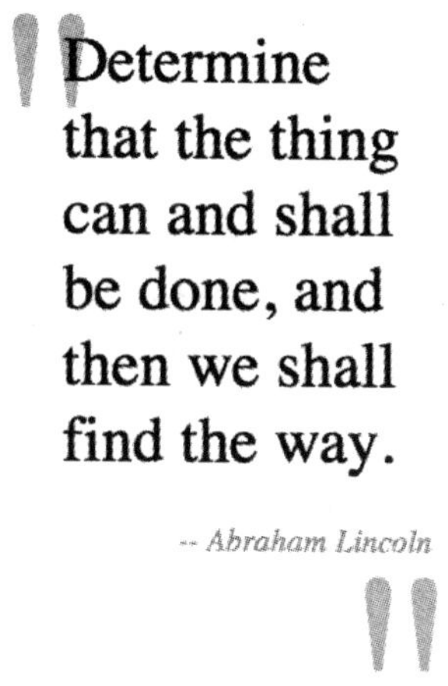

图 2　添加 CSS 后的引文样式

```
  left: 10px;
  font-size: 12em;
  color: #FAA;
  font-family: serif;
}

blockquote:after {
  content: close-quote;
  position: absolute;
  z-index: 1;
  bottom: 80px;
  left: 225px;
  font-size: 12em;
  color: #FAA;
  font-family: serif;
}
blockquote + cite:before {
  content: "-- ";
}
```

　　上面的样式在文字内容后面插入了引号, 在作者的名字前面添加了破折号, 并且去除了黑色的边框。

　　为了实现这个效果, 我们用到了 :before 和 :after 选择器, 在页面上遇到指定的标签时就能插入相应的内容。使用 content 属性可以指定 content 的内容, 比如开合的引号或者字符串。

除了适当的引文，我们还添加了一些属性，大多数看名字都能明白，比如 `color`, `font family` 和 `font size`。特别要注意的是 `z-index` 属性，以及 `blockquote p` 标签上的 `position:relative;`属性。使用 `position` 属性和 `z-index` 属性，可以把引号放在引文的下面，不需要额外的空间，而且文字覆盖在引号上看起来很酷。同样，我们可以把 `blockquote:after` 放在底部，这样无论引文有多长，引号总是会显示在最后。

最后一个样式，我们可以不遗余力地将引文做得像说话泡泡，借助 CSS3 的超酷属性打造圆角和渐变的背景色，使引文看起来如图 3 所示。

```
cssquotes/speech-bubble.css
blockquote {
  width: 225px;
  padding: 15px 30px;
  margin: 0;
  position: relative;
  background: #faa;
  background: -webkit-gradient(linear, 0 0, 20% 100%,
    from(#C40606), to(#faa));
  background: -moz-linear-gradient(#C40606, #faa);
  background: -o-linear-gradient(#C40606, #faa);
  background: linear-gradient(#C40606, #faa);
  -webkit-border-radius: 20px;
  -moz-border-radius: 20px;
  border-radius: 20px;
}

blockquote p {
  font-size: 1.8em;
  margin: 5px;
  z-index: 10;
  position: relative;
}

blockquote + cite {
  font-size: 1.1em;
  display: block;
  margin: 1em 0 0 4em;
}

blockquote:after {
  content: "";
  position: absolute;
  z-index: 1;
  bottom: -50px;
  left: 40px;
  border-width: 0 15px 50px 0px;
  border-style: solid;
```

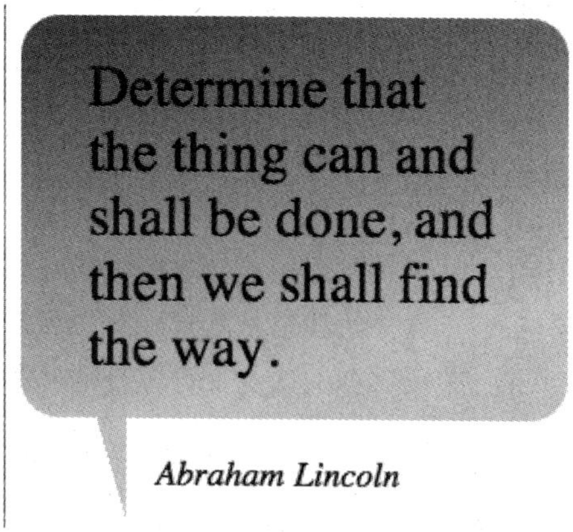

> Determine that
> the thing can and
> shall be done, and
> then we shall find
> the way.
>
> *Abraham Lincoln*

图 3　CSS3 式样说话泡泡

```
border-color: transparent #faa;
display: block;
width: 0;
}
```

使用 CSS3，我们不需要图片就可以把引文放在说话泡泡里。我们给 `blockquote` 设置了背景颜色，即使在不支持 CSS3 效果的浏览器里也能显示。接下来，我们用 `linear-gradient` 属性设置了渐变的背景，再用 `border-radius` 属性给元素添加了圆角。

不同浏览器对于 `linear-gradient` 和 `border-radius` 的语法不同，我们需要使用多行代码来得到相同或相似的效果。-moz 和 -webkit 前缀分别表示对应于 Firefox 和基于 WebKit 的浏览器（如 Safari 和 Chrome）。最后我们添加 CSS3 的标准属性，覆盖所有的基础部分。

`blockquote p` 和 `blockquote + cite` 的样式做了一些微调，少数属性的大小也稍作调整，但总体上还是一致的。字体颜色、大小、间距较易调整，使之与网站样式更加匹配。

最后我们设计 `blockquote:after` 元素的样式，给说话泡泡的底部加一个三角形。元素内容是空字符串，因为这里并不需要实际内容；我们只需要它的边框就可以了。通过给上下左右的边框设置不同的粗细，就做好了一个三角形。任何 CSS 属性的每一边都可以按照上、右、下、左（顺时针）的顺序设置不同的值。我们用这个方法来设置边框的粗细和颜色，包括上下的透明边框线和左右边框线的颜色。

深入研究
Further Exploration

你还能想出引文的什么样式呢？在最后一个例子中，我们设计了一个说话泡泡。把 `blockquote:after` 样式的边框从右换成左，可以使它垂直翻转，但是如果要把作者的姓名和三角形移到泡泡的上方，我们又该怎么做呢？

IE 的渐变过滤器也可以做出与我们之前最后一个引文样式相同的效果，但是方法有些差别。IE 的渐变是直接应用于对象的，而不是像其他浏览器那样在背景图片上渐变。根据微软的文档，你能够使这个效果也支持老版本的 IE 吗？[2]

另请参考
Also See

- 1 号秘方 设计按钮和链接
- 25 号秘方 CSS Sprites 技术
- 7 号秘方 多 Tab 界面的内容切换
- 28 号秘方 以 Sass 搭建模块化样式表

---

[2] http://msdn.microsoft.com/en-us/library/ms532997.aspx

3 号秘方　用 CSS3 变形技术创建动画
Creating Animations with CSS3 Transformations

问题
Problem

对于许多 Web 开发者来说，Flash 是制作网站动画的首选工具，但是在不支持 Flash 的设备（如 iPad、iPhone）上就无法实现。如果动画对客户非常重要，那我们就必须找到一个不使用 Flash 的解决方案。

工具
Ingredients

- CSS3
- jQuery

解决方案
Solution

随着 CSS3 变换和变形技术的出现，我们可以不必再使用 Flash 这样的插件，而做出原生的动画。这种动画只能在较新的移动设备浏览器和最新版本的 Firefox、Chrome、Safari 和 Opera 上显示，不过即使用户看不到动画，还是可以看到 logo 的。想要让动画在其他浏览器也可见，我们还是得依靠 Flash。

客户当前的网站有一个 Flash 做的 logo，用户打开页面时，可以看到 logo 上闪过的发光效果。他拿来了一个新版的 iPad，失望地发现动画无法显示，但他更担心 logo 也不会正常显示。丢失的效果不会破坏网站的整体感觉，但 logo 也看不到就会影响网站的品牌了。我们要使 logo 在所有的浏览器上都可见，然后再为支持 CSS3 变形技术的浏览器加上动画效果。

让我们从包含 logo 的 `header` 标签开始。我们会给`<img>`标签添加一个样式，稍后在样式表中会使用到。

```
csssheen/index.html
<header>
  <div class="sheen"></div>
  <img src="logo.png" class="logo">
</header>
```

为了实现这个效果，我们要创建一个半透明、倾斜且边缘雾化的 HTML 块，当页面文档对象模型（DOM）加载完成时，它将从屏幕上滑过。首先从定义 header 部分的基础样式开始，我们需要一个通栏的蓝色 banner 置于页面顶部。因此需要指定头部的宽度，然后在左上角放置我们的 logo。

```
csssheen/style.css
body {
  background: #CCC;
  margin: 0;
}
header {
  background: #436999;
  margin: 0 auto;
  width: 800px;
  height: 150px;
  display: block;
  position: relative;
}
header img.logo {
  float: left;
  padding: 10px;
  height: 130px;
}
```

有了合适的基础布局，就可以添加动画的装饰元素了。首先是创建边缘雾化的 HTML 元素，这些额外的效果几乎没什么实际用途，我们希望使用尽可能少的 HTML 标记，而通过之前定义好的带有闪光样式的 `<div>` 来实现。

```
csssheen/style.css
header .sheen {
  height: 200px;
  width: 15px;
  background: rgba(255, 255, 255, 0.5);
  float: left;
  -moz-transform: rotate(20deg);
  -webkit-transform: rotate(20deg);
  -o-transform: rotate(20deg);
  position: absolute;
  left: -100px;
  top: -25px;
  -moz-box-shadow: 0 0 20px #FFF;
  -webkit-box-shadow: 0 0 20px #FFF;
  box-shadow: 0 0 20px #FFF;
}
```

图 4　光泽可以看见但是还没有样式

如图 4 所示，我们添加了一根细白的透明线条，其长度比我们的头部稍微高。这是一个好的开始，接下来我们要重新放置这个线条，使它模糊一些，略微倾斜，并从头部的左边开始移动。

下面的操作需要一点小技巧。因为浏览器对于变形和变换的支持都不相同，我们需要添加特定的前缀来确保每个浏览器都能理解这个样式的改变。所以我们至少要给每个样式声明相同的参数，添加各种前缀，以确保每个浏览器都能应用这个样式。我们还要添加一个没有前缀的样式定义，在支持 CSS3 的时候正常展示。你可以看到，我们没有声明 `-o-box-shadow` 样式，新版的 Opera 不再识别这个样式，Firefox 4 以上的版本也不再使用 `-moz-box-shadow` 样式，但会识别并把它转换为 `box-shadow`。但是，我们还是保留了 `-moz-box-shadow` style 样式以支持 Firefox 3。第 14 页的代码上，为了功能性我们舍弃了一些整洁度。

样式到位以后，我们差不多要准备给光泽元素加上动画了。我们先加上变换声明，用来控制动画，接下来，就要依靠特定浏览器的前缀。

csssheen/style.css
```
header .sheen {
  -moz-transition:     all 2s ease-in-out;
  -webkit-transition:  all 2s ease-in-out;
  -o-transition:       all 2s ease-in-out;
  transition:          all 2s ease-in-out;
}
```

变换定义有三个参数。第一个参数告诉浏览器要跟踪哪个 CSS 属性。在例子中，我们只需要跟踪 `left` 属性，因为闪光的动画是从头部滑过，也可以设置为 `all` 控制变换的所有属性改变。

第二个参数定义了动画花费的时间,其单位是秒。这个值可以是小数,比如 0.5 秒,如果希望一个长时间变换慢慢发生的话也可以设置很多秒。最后一个参数是所使用功能的名字,我们仅仅只用了一个默认功能,你也可以定义你自己的。Ceaser[3]是个很好用的自定义功能的工具。

接下来,我们还要添加一个样式声明来定义闪光动画结束的位置。因此,闪光应该在头部的右侧结束,我们可以给 hover event 加上如下代码

```
header:hover .sheen {
  left: 900px;
}
```

像上面这样写的话,当用户鼠标从头部移开时,闪光又会回到它开始的地方。我们希望这个动画是一次性的,所以不得不使用 Javascript 来改变页面的状态。我们给样式表添加一个特殊的样式 loaded,可以把闪光的位置始终固定在 logo 的尾部,例如:

csssheen/style.css
```
header.loaded .sheen {
  left: 900px;
}
```

然后我们用 jQuery 给 header 添加这个样式,触发变换。

```
$(function() { $('header').addClass('loaded') })
```

如图 5 所示,做了这么多,只是把一个模糊的小棒子在屏幕上移动,但我们已经做好了闪光的样式,接下来需要在整体外观上添加单独的样式并稍作调整。我们会添加 overflow: hidden;,把悬在头部以外的闪光元素隐藏起来。

csssheen/style.css
```
header {
  overflow: hidden;
}
```

---

3 http://matthewlein.com/ceaser/

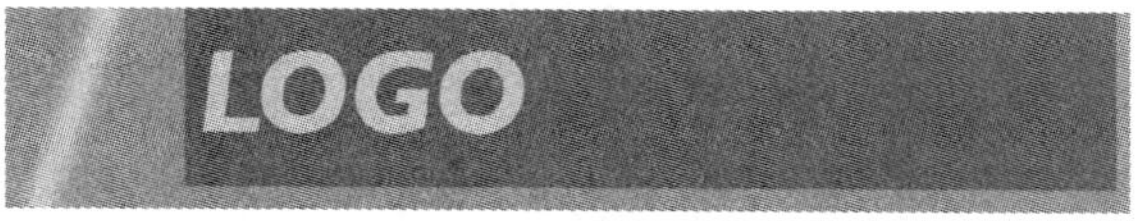

图 5　光泽的样式已经有了，但是在头部以外还是能被看到

添加好合适的样式以后，我们只需改变一个元素的 CSS 样式就能触发整个动画。我们不用再依靠 JavaScript 或者 Flash 就能在网站上添加一个流畅的动画。

这种方法还有一个额外的好处，就是节省用户的流量。尽管这对大多数用户来说没有影响，但有时用户会使用 iPad 或者其他移动设备访问我们的网站，这时就意味着更少的下载量和更快的访问速度。在设计、开发网站时要始终把网站优化这个思想放在心上。

对于不支持新样式的浏览器，我们的网站只显示 logo 图片。通过样式与内容分离，我们获得了很好的向下兼容以及更好的用户可用性，因为 `<img>` 标签包含了替代文字。

如果要让所有的浏览器都能运行这个动画效果，我们可以把上述方法作为 Flash 解决方案的后备，将 `<img>` 标签嵌套放置在 Flash 动画使用的 `<object>` 标签里面。

深入研究
Further Exploration

我们只介绍了一点适合我们的变形和变换效果，还有其他合适的选择（如缩放和偏移）。我们还可以做些更细致的控制，例如每个变换的时间长短，甚至是我们究竟要做哪些变换。有些浏览器还可以让你自己定义变换，对于动画的内部可控性是令人兴奋且满意的。

另请参考
Also See

- 1 号秘方　设计按钮和链接
- 2 号秘方　使用 CSS 设计评论
- 28 号秘方　以 Sass 搭建模块化样式表

4 号秘方　用 jQuery 创建交互幻灯片
Creating Interactive Slideshows with jQuery

问题
Problem

几年前，如果你想在网站上放置一个活动的幻灯片，则需要制作一个 Flash 动画。简单的工具使这一过程变得容易，但是对幻灯片里的照片进行维护则意味着重做 Flash 动画。此外，很多移动设备并不支持 Flash 播放，用户也就看不到幻灯片了。我们需要一个替代方案，能够在多平台上运行，并且易于维护。

工具
Ingredients

- jQuery
- The jQuery Cycle plug-in[4]

解决方案
Solution

我们可以使用 jQuery 和 jQuery Cycle 插件创建既简单又优雅的图片幻灯展示。这个开源工具只要在支持 JavaScript 的浏览器上就能给用户展示一个优美的幻灯片。

有许多基于 JavaScript 的图片循环插件，但是 jQuery Cycle 与众不同的地方就在于它的易用性。它有很多内置的变换效果，并且为操作图片提供了控制选项。它非常易于维护，还有一个很活跃的开发者社区。所以 jQuery Cycle 是我们制作幻灯片的最好选择。

我们当前的主页有点死板、令人乏味，所以我们的 boss 要我们做一个幻灯片来展示公司形象。我们会拿一些照片来做示范，建立一个简单的原型以理解 jQuery Cycle 插件是如何工作的。

我们将从创建一个包含幻灯片的简单主页模版 index.html 开始，该模板通常包含以下这些代码：

---

4 https://github.com/malsup/cycle

image_cycling/index.html
```html
<!DOCTYPE html>
<html lang="en">
  <head>
    <title>AwesomeCo</title>
  </head>
  <body>
    <h1>AwesomeCo</h1>
  </body>
</html>
```

接下来，我们要建立一个 `images` 文件夹，把 boss 给我们用来展示的图片放进去，你可以在本书源码目录的 `image_cycling` 文件夹下找到它们。

然后，我们在 `<head>` 部分紧接着 `<title>` 元素之后，引入 jQuery 和 jQuery Cycle 插件。我们还需要添加一个指向 `rotate.js` 的链接，里面包含了所有设置图片旋转用到的 JavaScript。

image_cycling/index.html
```html
<script type="text/javascript"
 src="http://ajax.googleapis.com/ajax/libs/jquery/1.7/jquery.min.js">
</script>
<script type="text/javascript"
src="http://cloud.github.com/downloads/malsup/cycle/jquery.cycle.all.2.74.js">
</script>
<script type="text/javascript" src="rotate.js"></script>
```

添加一个 ID 为 `slideshow` 的 `<div>`，在 `<div>` 里加入图片，像这样：

image_cycling/index.html
```html
<div id="slideshow">
  <img src="images/house-light-slide.jpg" />
  <img src="images/lake-bench-slide.jpg" />
  <img src="images/old-building-slide.jpg" />
  <img src="images/oldbarn-slide.jpg" />
  <img src="images/streetsign-with-highlights-slide.jpg" />
  <img src="images/water-stairs-slide.jpg" />
</div>
```

在浏览器里打开我们的页面，你会看到图 6 所示的样子。这也告诉了我们当用户不启用 JavaScript 的时候，页面看起来会是什么样。可以看到，所有内容对于用户都是可见的，他们不会错过任何东西。

图 6　图片并没有循环起来

我们还没有添加功能函数来触发 jQuery Cycle 插件，所以只能看到一些有序排列的图片。现在让我们添加 JavaScript 来初始化插件，开始展示幻灯片。先创建文件 `rotate.js` 并加上下列代码，用来设置 jQuery Cycle 插件：

image_cycling/rotate.js
```
$(function() {
  $('#slideshow').cycle({fx: 'fade'});
});
```

jQuery Cycle 插件有许多不同的选项。我们可以让图片在变换时淡入淡出，同时缩放、擦除甚至是摇动[5]。你可以在 jQuery Cycle 的官网上找到全部选项的列表。这里我们继续使用 `fade` 功能，它非常简单又很优美。我们在调用 `cycle()` 时，在方法里添加一小段代码定义它。

`fx: 'fade'`

现在所有东西都准备就绪，我们再来看一下页面。这次我们只看到一张图片，几秒钟之后，图片开始循环播放。

---

5 http://jquery.malsup.com/cycle/options.html

添加播放和暂停按钮

现在我们有了一个可以正常运行的幻灯片,并给 boss 看了下效果,她说:"这很棒,不过我希望能有一个暂停按钮,这样当客户看到喜欢的图片时就可以把幻灯片暂停播放。"幸运的是,jQuery Cycle 插件自带了这样的功能。

我们使用 JavaScript 在页面上添加这些按钮,因为只有当幻灯片是可活动的时候才需要它们。这样,就不会向没有 JavaScript 支持的用户显示无用的控制按钮了。为了实现这个功能,我们要创建两个功能函数 `setupButtons()` 和 `toggleControls()`。第一个功能函数将在页面上添加按钮并且给它们绑定 `click()` 事件。点击事件会通知幻灯片是要暂停还是重新开始播放。我们还要用 `click()` 事件来调用 `toggleControls()` 功能切换按钮,只显示出相关的那一个。

```
image_cycling/rotate.js
var setupButtons = function(){
  var slideShow = $('#slideshow');

  var pause = $('<span id="pause">Pause</span>');
  pause.click(function() {
    slideShow.cycle('pause');
    toggleControls();
  }).insertAfter(slideShow);

  var resume = $('<span id="resume">Resume</span>');
  resume.click(function() {
    slideShow.cycle('resume');
    toggleControls();
  }).insertAfter(slideShow);

  resume.toggle();
};

var toggleControls = function(){
    $('#pause').toggle();
    $('#resume').toggle();
};
```

你能注意到我们在给 jQuery 选择器设置变量。这样我们能够以更加简便的方式来操作 DOM。几乎所有的 jQuery 方法都会返回 jQuery 对象,这也给我们带来了便利,正因为如此,我们才能把 `insertAfter()` 函数和 `click()` 绑定事件链接到一起。

为了触发 `setupButtons()` 函数,我们需要在 jQuery 的准备事件中,在 `cycle()` 调用的下面添加对 `setupButtons()` 的调用。

```
image_cycling/rotate.js
$(function() {
  $('#slideshow').cycle({fx: 'fade'});
  setupButtons();
});
```

让我们在浏览器里再看一下页面。我们能看到如图 7 所示的暂停按钮。当幻灯片开始播放以后，我们可以点击暂停按钮，变换停止的同时，暂停按钮也被恢复按钮替代了。点击恢复按钮，图片便继续播放。

深入研究
Further Exploration

这个幻灯片很容易实现，而且所有的设置在插件的官网上都有提到。我们可以把它扩展一下[6]，使它包含更多的功能。

为了增强视觉体验，jQuery Cycle 插件有多种变换效果的设置，比如随机播放、摇动或者揭开效果。我们只需要在调用 `cycle()` 时改变 `fx:` 选项的值，就可以让幻灯片使用其中任意一种效果。除了图片，也可以循环其他元素，包括复杂的 HTML 代码块。这只是 jQuery Cycle 插件可发掘潜力中的一部分，赶紧去探索并尝试一下吧。

另请参考
Also See

- 3 号秘方　用 CSS3 变形技术创建动画
- 35 号秘方　Javascript 测试框架 Jasmine

---

6 http://jquery.malsup.com/cycle/options.html

图 7 带控制的滚动图片

5 号秘方　设计创建行内帮助对话框
Creating and Styling Inline Help Dialogs

问题
Problem

我们有一个有很多链接的页面，这些链接指向网站其他地方的补充内容。点击这些链接时会跳转到这些页面，当我们读到段落中间的时候，弹出一个新窗口会打断阅读流。所以时尚的行内显示内容会非常棒，只有当完全必要的时候才保留页面内容。

工具
Ingredients

- jQuery
- jQuery UI[7]
- jQuery Theme[8]

解决方案
Solution

我们希望信息能成为页面流的一部分，即使在旧版本的浏览器中也能运行，我们将用 JavaScript 来替代 HTML 链接指向附件内容，并且在页面上行内显示。这样做的话，对于不支持 JavaScript 的浏览器也能保证内容的可读性，同时对于启用了 JavaScript 的新版浏览器的用户会有更佳的样式和更平滑的体验。加载这些内容的时候，我们可通过使用一些 jQuery 动画效果、添加一个规整的对话框以使其看起来更棒，如图 8 所示。

在开始介绍 JavaScript 之前，先来创建一个加载 jQuery 和 jQuery UI 的简单页面，接着用 jQuery theme 插件来添加第一个指向行内内容的链接。

```
inlinehelp/index.html
<html>
  <head>
    <link rel="stylesheet" href="jquery_theme.css"
     type="text/css" media="all" />
```

---

[7] http://jqueryui.com
[8] http://jqueryui.com/themeroller/

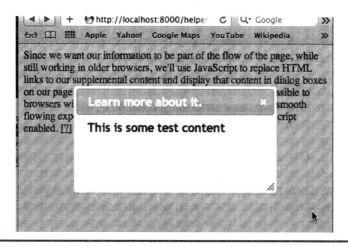

图 8　覆盖在内容上的模式对话框

```
<script type="text/javascript"
  src='http://ajax.googleapis.com/ajax/libs/jquery/1.7/jquery.min.js'>
</script>
<script type="text/javascript"
  src='http://ajax.googleapis.com/ajax/libs/jqueryui/1.8.14/jquery-ui.min.js'>
</script>
<script type="text/javascript" src='inlinehelp.js'></script>
</head>
<body>
  <p>
    This is some text.
    <a href="test-content.html"
      id="help_link_1"
      class="help_link"
      data-style="dialog"
      data-modal='true'>
      Learn more about it.
    </a>
  </p>
</body>
</html>
```

我们希望在网站各处频繁地添加这个功能，所以它实施起来应该尽可能容易些。当所有代码都完成以后，我们的帮助链接看起来就像是这样：

```
<a href="a.html" id="help_a" class="help_link" data-style="dialog">
  More on A
</a>
<a href="b.html" id="help_b" class="help_link" data-style="dialog"
  data-modal="true">
  More on B
</a>
<a href="c.html" id="help_c" class="help_link" data-style="clip">
  More on C
</a>
<a href="d.html" class="help_link" data-style="fold">
  More on D
</a>
```

注意，我们使用了 data-属性来声明样式和模式设置。这是 HTML5 规范的一部分，允许在 HTML 元素上自定义数据属性。这使得我们在给元素设置信息的同时还可以维持标记的有效性。

下列代码是我们要写的脚本的一个简单示例，只设置了几个参数，然后调用了 displayHelpers() 函数。全部设置好以后，我们要做的就是给需要行内显示内容的链接添加一个样式以及可选的动画样式，并且指定是否用模式对话框。

inlinehelp/inlinehelp.js
```
$(function() {
 var options = {
   helperClass:"help_dialog"
 }

 displayHelpers(options);
});
```

使用 jQuery 的 ready() 函数，我们可以确保在开始操作 DOM 之前页面已经完全加载了。这样页面上所有的内容都能呈现出来，代码开始运行时，我们不会错过任何东西。这里设置了几个参数，尽管它们不是必需的，但是能让我们的链接和对话框看起来更棒。然后我们把参数传进 displayHelpers() 函数，开始更新页面。

inlinehelp/inlinehelp.js
```
function displayHelpers(options) {
 if (options != null) {
   setIconTo(options['icon']);
   setHelperClassTo(options['helper_class']);
 }
```

```
  else {
    setIconTo();
    setHelperClassTo();
  }

  $("a.help_link").each(function(index,element) {
    if ($(element).attr("id") == "") { $(element).attr("id", randomString()); }
    appendHelpTo(element);
  });
  $("a.help_link").click(function() { displayHelpFor(this); return false; });
}
```

我们从设置图标或文字开始,表明那里有些东西需要用户查看一下。我们希望这些链接和它们周围的内容相关联,这样一来就可以移除实际的文本。我们还要给对话框添加一个样式来设置它们的外观。

inlinehelp/inlinehelp.js
```
function setIconTo(helpIcon) {
  var isImage = /jpg|jpeg|png|gif$/
  if (helpIcon == undefined)
    { icon = "[?]"; }
  else if (isImage.test(helpIcon))
    { icon = "<img src='"+helpIcon+"'>"; }
  else
    { icon = helpIcon; }
}
```

setIconTo()函数首先查看 help_icon 选项有没有被传递进来。如果没有,就使用默认值[?]。如果有参数传递进来,我们通过查看字符串结尾是否是通常的图片后缀名来判断它是不是一个图片路径。如果是的话,我们要把它插入到<img>元素的路径里,否则就显示传进来的文本。这样即使我们传进来一个完整的<img>元素也不会有问题,它还是可以正常显示。

接下来我们要给对话框加一个样式,这样它就能按照我们自己写的 CSS 或者使用 jQuery UI 主题指定的外观显示出来。

inlinehelp/inlinehelp.js
```
function setHelperClassTo(className) {
  if (className == undefined)
    { helperClass = "help_dialog"; }
  else
    { helperClass = className; }
}
```

setHelperClassTo()函数会查看是否给对话框设置了可用的样式参数。如果有的话，就使用这个参数值，如果没有，则使用默认的 help_dialog 样式。

我们还要确认每个链接都有唯一的 ID，因为我们需要使用这个 ID 来关联它们各自的 `<div>` 对话框。如果没有的话，我们就要先给链接添加一个。

inlinehelp/inlinehelp.js
```
$("a.help_link").each(function(index,element) {
  if ($(element).attr("id") == "") { $(element).attr("id", randomString()); }
  appendHelpTo(element);
});
```

为了确保所有的链接都有 ID，我们给页面上的每个链接都加上 help_link 样式，并检查它们是否设置了 ID 属性。如果没有，就生成一个随机字符串来作为 ID。

inlinehelp/inlinehelp.js
```
function randomString() {
  var chars = "0123456789ABCDEFGHIJKLMNOPQRSTUVWXYZabcdefghiklmnopqrstuvwxyz";
  var stringLength = 8;
  var randomstring = '';
  for (var i=0; i<stringLength; i++) {
    var rnum = Math.floor(Math.random() * chars.length);
    randomstring += chars.substring(rnum,rnum+1);
  }
  return randomstring;
}
```

randomString()是一个生成包含字母和数字的 8 位随机字符串的简单函数。这足以给页面上任何没有 ID 属性的链接附上一个 ID 值。

确认链接有了 ID 之后，我们调用 appendHelpTo()函数给链接加上帮助图标，并且将存有链接指向页面内容的对话框元素准备好。

inlinehelp/inlinehelp.js
```
Line 1  function appendHelpTo(element) {
   -      if ($(element).attr("title") != undefined) {
   -        title = $(element).attr("title");
   -      } else {
   5        title = $(element).html(); 5
   -      }
   -      var helperDiv = document.createElement('div');
   -      helperDiv.setAttribute("id",
   -        $(element).attr("id") + "_" + $(element).attr("data-style"));
  10      helperDiv.setAttribute("class", 10
   -        $(element).attr("data-style") +" "+ helperClass);
```

```
  helperDiv.setAttribute("style", "display:none;");
  helperDiv.setAttribute("title", title);
  $(element).after(helperDiv);                         15
  $(element).html(icon);
}
```

appendHelpTo()函数被调用之后,会在链接被点击时插入一个包含内容的`<div>`。我们把链接的 ID 和刚开始传入的样式参数组合在一起后赋给它作为 ID 值。我们给它设置了几个样式：参数传入的样式及以指定使用的动画样式。最后,把`<div>`设置为 `display:none;`,使它在被点击以后才在页面上显示出来。

appendHelpTo()的第三行用我们的图标替换了原始链接,加上了行内的 [?]或是参数中设置的其他值。

inlinehelp/inlinehelp.js
```
$("a.help_link").click(function() { displayHelpFor(this); return false; });
```

现在我们加上调用最后一行的 displayHelpers()函数,遍历所有样式名为 help_link 的元素,用 displayHelpFor()来覆盖默认的响应函数并且返回 false 值,使正常的点击事件不会被执行。

inlinehelp/inlinehelp.js
```
function displayHelpFor(element) {
  url = $(element).attr("href");
  helpTextElement = "#"+$(element).attr("id") + "_" +
    $(element).attr("data-style");
  if ($(helpTextElement).html() == "") {
    $.get(url, { },
      function(data){
        $(helpTextElement).html(data);
        if ($(element).attr("data-style") == "dialog") {
          activateDialogFor(element, $(element).attr("data-modal"));
        }
        toggleDisplayOf(helpTextElement);
    });
  }
  else { toggleDisplayOf(helpTextElement); }
}
```

displayHelpFor()函数首先从最近点击的链接里取得 URL 地址,这样就知道要显示哪个页面。接下来给之前插入页面的`<div>`元素建立 ID。这个`<div>`就是我们放置链接页面内容的地方。但是在加载内容之前,我们需要先确认该内容还没有被加载过。

如果`<div>`是空的，那就说明还没有加载过。如果已经加载过一次，那就没有必要重复加载了，所以我们需要调用 toggleDisplayOf() 函数。通过避免重复加载，既可缩短用户的等待时间，又可降低我们的带宽开销。

如果页面内容没被加载过，就用 *jQuery* 的 get() 函数通过 Ajax 获取 URL 的内容并填充到`<div>`里去。完成之后，我们还要查看一下行内文字的请求样式。如果我们使用了对话框样式，就需要调用 activateDialogFor() 函数在 DOM 中准备好对话窗口并且为它添加好样式。

inlinehelp/inlinehelp.js
```javascript
function activateDialogFor(element,modal) {
  var dialogOptions = { autoOpen: false };
  if (modal == "true") {
    dialogOptions = {
      modal: true,
      draggable: false,
      autoOpen: false
    };
  }
  $("#"+$(element).attr("id")+"_dialog").dialog(dialogOptions);
}
```

这样就在页面中注册了这个对话框元素，能够访问它了。激活以后，通过设置 autoOpen 参数值为 false 来确保对话框是关闭的。之所以这样做，是因为要与其他对话框保持一致，需要打开对话框时使用 toggleDisplayOf() 函数来操作。

inlinehelp/inlinehelp.js
```javascript
function toggleDisplayOf(element) {
  switch(displayMethodOf(element)) {
    case "dialog":
      if ($(element).dialog('isOpen')) {
        $(element).dialog('close');
      }
      else {
        $(element).dialog('open');
      }
      break;
    case "undefined":
      $(element).toggle("slide");
      break;
    default:
      $(element).toggle(displayMethod);
  }
}
```

```
inlinehelp/inlinehelp.js
function displayMethodOf(element) {
 helperClassRegex = new RegExp(" "+helperClass);
 if ($(element).hasClass("dialog"))
   { displayMethod = "dialog"; }
 else
   {displayMethod=$(element).attr("class").replace(helperClassRegex,"");}
 return displayMethod;
}
```

在 `toggleDisplayOf()` 函数里，才最终显示新的内容。首先我们用 `displayMethodOf()` 函数解决怎样显示的问题。可以使用 jQuery UI Effects 库或者 Dialog 库里的任何动画方法，所以首先检查链接本身有没有带上对话框的样式。如果有，就返回它的值，否则就取得链接的样式再移除我们指定的样式，这样就只保留了显示内容要用到的动画样式。

再回到 `toggleDisplayOf()` 上来，我们用 `display` 方法来决定如何显示或隐藏内容。如果是对话框，我们就用 jQuery 的辅助方法 `isOpen` 来判断它是否已经打开，然后根据需要打开或关闭对话框。如果不能确定动画样式，就使用默认方式和效果来显示元素。最后，如果真的有 `display_method` 函数，就使用该函数来控制内容的隐藏和显示。

这些代码全部完成之后，就能很容易地添加新的行内元素了，而且还能很好地维持在所有浏览器上的兼容性。另外，我们的代码是松耦合的，可以很好地处理一些新的动画效果，不用为了解决新版本 jQuery 的兼容性而去做什么改动。

深入研究
Further Exploration

在初始化代码的时候，预先声明一些参数是个非常好的习惯，尤其是帮助链接的样式以及默认的动画样式。现在这些属性都是写死的，所以我们需要确保即使没做任何设置，它们也会有一个默认值，就像我们给放置内容的 `<div>` 和帮助图标/文字设置样式一样。

现在，我们舍弃了原始链接的文字内容，并将其替换成图标。除了完全抛弃这些文字之外，我们还可以将它们作为链接的 `title`，能够让用户的鼠标在移到链接上时，大致明白该页面的内容，同时也能使我们的页面保持更好的连贯性。

另请参考
Also See

- 29 号秘方　以 CoffeeScript 清理 JavaScript
- 35 号秘方　JavaScript 测试框架 Jasmine

第 2 章

用户界面

User Interface Recipes

无论是传递静态的内容，还是表现交互式应用，都需要可用的界面。本章探讨一种信息展示的新方法，以此建立更易维护和响应的客户端界面。

6号秘方　创建 HTML 格式的电子邮件模板
Creating an HTML Email Template

问题
Problem

创建 HTML 格式的电子邮件感觉似乎有点回到 CSS 之前，当时人们使用表格进行布局、使用 `<font>` 标签进行各种样式的控制。很多如今常见的技术，HTML 格式的电子邮件都无法识别和处理。在多种浏览器上测试网页相比在 Outlook、Hotmail、Gmail 或者 Thunderbird 等邮件工具上做大量的测试还是相对容易得多，更别提移动设备上各种各样的邮件应用程序了。

但我们的工作绝不是抱怨事情有多困难，而是找到解决方法。这其实是一项颇具工作量的任务，不仅需要生成可读的 HTML 格式的电子邮件，还需要确保邮件不被识别为垃圾邮件。

工具
Ingredients

- 使用 Litmus.com 的免费试用账号用于测试邮件

解决方案
Solution

由于电子邮件客户端的限制，设计 HTML 格式的电子邮件意味着需要舍弃很多当前的网页开发技术，除此之外，还需要避免邮件被识别为垃圾邮件，并能够比较方便地在多个设备上进行测试。在多个平台上需要同时具有可用性、可读性和高效性，最好的实现便是采用基于表格布局的 HTML，虽然古老但是可靠。

HTML 电子邮件基础
HTML Email Basics

从概念上而言，HTML 电子邮件并不困难。毕竟，创建一个简单的 HTML 页面并不费力，但与网页一样，我们不能保证用户看到的就是我们所创建的，因为每个邮件客户端在展示邮件信息上都会有些许差异。

对于大部分人而言，使用各种基于网页的客户端，比如 Gmail、Hotmail 和 Yahoo，它们往往去掉或者忽略在标记中所定义的样式表。实际上，Google 邮箱会删除定义在 `<style>` 标签中的样式，以避免邮件与其界面风格不符。我们也不能依赖外部的样式表，这是因为大部分邮件客户端不会在不提示用户的情况下自动获取远程文件，因此，无法真正地在 HTML 邮件中使用 CSS 来布局。

由于 Google 和 Yahoo 邮箱都会删除或者重命名邮件中的 `<body>` 标签，所以最好将邮件封装在另一个可以取代 `<body>` 的标签中。

有些客户端无法解析 CSS 缩略申明，因此必须列出每一项定义，比如：

```
#header{padding: 20px;}
```

可能被一些旧的客户端所忽略，需要替代为完整写法：

```
#header{
  padding-top: 20px;
  padding-right: 20px;
  padding-bottom: 20px;
  padding-left: 20px;
}
```

Outlook 2007 和 Lotus Notes 等桌面客户端无法处理背景图片，而 Lotus Notes 更是无法显示 PNG 图片。这乍一看似乎没什么大不了的，但要知道，数百万的企业用户是将它们作为首选客户端的。

这些不是我们会遇到的所有问题，但却是最普遍的。针对各种不同客户端，电子邮件标准项目[1]拥有一份全面的问题清单。

如同 1999 年般聚会

总结之前的分析，最有效的 HTML 邮件设计中需要具备以下最基本的 HTML 特征：

- 使用简单的 HTML 标签，配以最少的 CSS 样式；
- 使用 HTML 表格进行布局，而不是过多的现代技术；
- 不使用复杂的排版；
- 使用极简单的 CSS 样式。

总之，需要设计一个简单的邮件模板，而不使用近十年来的网络开发技术。

---

[1] http://www.email-standards.org/

考虑到这一点，模板中需要使用表格进行布局，而应用开发者将真实的内容添入模板内。需要找出解决方案的是如何编写模板，使其在所有流行的邮件客户端上可读。

发货单上一般需要有几项：包括页眉、页脚、发货地址和账单地址部分、顾客所购物品清单、物品价格、物品数量、金额小计、总金额，以及备注。

由于一些基于网页的邮件的客户端会去除或者重命名<body>元素，需要使用自己的顶层元素来作为邮件的容器。为了尽可能保证鲁棒性，创建一个外层表格作为容器，并在其中放置其他表格来实现页眉、页脚和内容的区分。图 9 所示是发货单模板，并给出了一个使用此模板的简单例子。

使用 HTML 4.0 来编写邮件的模板：

```
htmlemail/template.html
<!DOCTYPE html PUBLIC "-//W3C//DTD HTML 4.01//EN"
         "http://www.w3.org/TR/html4/strict.dtd">
<html>
<head>
  <meta content="text/html; charset=ISO-8859-1" http-equiv="content-type">
  <title>Invoice</title>
</head>
<body>
  <center>
    <table id="inv_container"
      width="95%" border="0" cellpadding="0" cellspacing="0">
      <tr>
        <td align="center" valign="top">
        </td>
      </tr>
    </table>
  </center>
</body>
</html>
```

为了确保发货单在邮件客户端的中间显示，需要采用古老且被弃用的<center>标签，因为这是唯一跨客户端的方式。不过也别担心，至少我们不会使用<blink>标签。

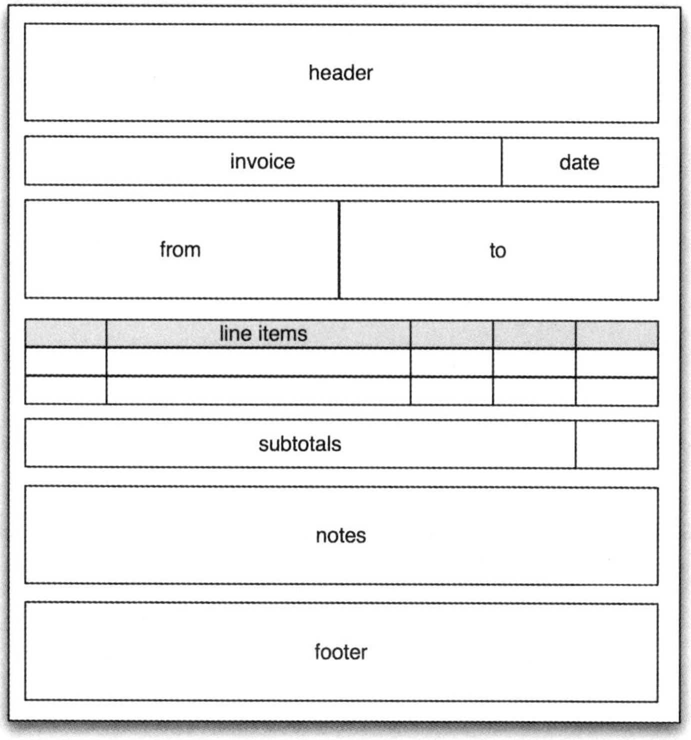

图 9 发货单模板

下一步，创建页眉。用一个表格填入公司名称，用另一个两列的表格填入订单号和日期。

htmlemail/template.html
```html
<table border="0" cellpadding="0" cellspacing="0" width="100%">
  <tr>
    <td align="center" bgcolor="#5d8eb6" valign="top">
    <h1><font color="white">AwesomeCo</font></h1>
    </td>
  </tr>
</table>

<table border="0" cellpadding="0" cellspacing="0" width="98%">
  <tr>
    <td align="left" width="70%"><h2>Invoice for Order #533102 </h2></td>
    <td align="right" width="30%"><h3>December 30th, 2011</h3></td>
  </tr>
</table>
```

由于一些基于网页的客户端去除了 CSS，我们不得不使用 HTML 属性来指定背景和文本的颜色。将第一个表格的宽度设为 100%，而将第二个设为 98%，由于整个外层表格在页面上是居中的，需要在左右边缘留下一定空间使表格内文本不接触外层表格的边缘。

下一步，添加包含"发货地址"和"收货地址"的表格。

htmlemail/template.html
```html
<table id="inv_addresses" border="0"
      cellpadding="2" cellspacing="0" width="98%">
  <tr>
    <td align="left" valign="top" width="50%">
      <h3>From</h3>
      AwesomeCo Inc. <br>
      123 Fake Street <br>
      Chicago, IL 55555
    </td>
    <td align="left" valign="top" width="50%">
      <h3>To</h3>
      GNB <br>
      456 Industry Way <br>
      New York, NY 55555
    </td>
  </tr>
</table>
```

下一步，添加用于发货单本身的表格。

htmlemail/template.html
```html
<table border="0" cellpadding="2" cellspacing="0" width="98%">
  <caption>Order Summary</caption>
  <tr>
    <th bgcolor="#cccccc" align="left" valign="top">SKU</th>
    <th bgcolor="#cccccc" align="left" valign="top">Item</th>
    <th bgcolor="#cccccc" valign="top">Price</th>
    <th bgcolor="#cccccc" valign="top" width="10%">QTY</th>
    <th bgcolor="#cccccc" valign="top" width="10%">Total</th>
  </tr>
  <tr>
    <td valign="top">10042</td>
    <td valign="top">15-inch MacBook Pro</td>
    <td align="right" valign="top">$1799.00</td>
    <td align="center" valign="top">1</td>
    <td align="right" valign="top">$1799.00</td>
  </tr>
  <tr>
    <td valign="top">20005</td>
    <td valign="top">Mini-Display Port to VGA Adapter</td>
    <td align="right" valign="top">$19.99</td>
```

```html
    <td align="center" valign="top">1</td>
    <td align="right" valign="top">$19.99</td>
  </tr>
</table>
```

实际上，这是一个数据表格，所以需要确保它使用了正确的属性，比如表头和标题。

对于统计项，需要使用独立的表格来展示，这是由于某些邮件客户端在跨列行的显示上存在问题。

htmlemail/template.html
```html
<hr>
<table border="0" cellpadding="2" cellspacing="0" width="98%">
  <tr>
    <td align="right" valign="top">Subtotal: </td>
    <td align="right" valign="top" width="10%">$1818.99</td>
  </tr>

  <tr>
    <td align="right" valign="top">Total Due: </td>
    <td align="right" valign="top"><b>$1818.99</b> </td>
  </tr>
</table>
```

放置另一个表格用于显示发货单的备注。

htmlemail/template.html
```html
<table border="0" cellpadding="0" cellspacing="0" width="98%">
  <tr><td align="left">
    <h2>Notes</h2>
    <p>Thank you for your business!</p>
  </td></tr>
</table>
```

最后，添加页脚，如同页眉一样，表格只有一个单元格，并设置宽度为100%。

htmlemail/template.html
```html
<table id="inv_footer" border="0"
       cellpadding="0" cellspacing="0" width="100%">
  <tr>
    <td align="center" valign="top">
    <h4>Copyright &copy; 2012 AwesomeCo</h4>
    <h4>
      You are receiving this email because you purchased
      products from us.
    </h4>
    </td>
  </tr>
</table>
```

页脚是向用户解释为何会收到这一邮件的好途径。对发货单而言也是如此，但是对于新闻邮件而言，还需要提供给用户一些链接来管理他们自己所订制的邮件。

至此，我们已经创建了一个简单但是可读的 HTML 发货单。但是对于那些无法处理 HTML 邮件的客户端呢？

支持不支持 HTML 的情况

并不是每一个 HTML 邮件客户端都支持 HTML 邮件，同时，那些支持的也都表现不一致。为了让人们在不支持 HTML 邮件的设备上阅读，最常见的解决方法就是在邮件的顶部提供一个链接，指向邮件在服务器上的拷贝，点击链接后，用户能够在其浏览器上读到整个内容。

我们只需在用户账号信息处放置指向发货单拷贝的链接，比如邮件的右上角，整个表格之上，就很容易被发现。更进一步，有些客户端软件提供预览功能，这使得这部分用户能够在不打开邮件的情况下直接访问发货单。

htmlemail/template.html
```
<p>
  Unable to view this invoice?
  <a href="#">View it in your browser instead</a>.
</p>
```

MailChimp 和 Campaign Monitor 等第三方系统还让用户在他们的服务器上如同访问静态页面一样访问 HTML 邮件。

我们也可以构建多部分邮件，同时发送纯文本和 HTML 两种版本。在邮件中插入两部分主体，同时在邮件中使用特殊的头信息来告诉客户端，邮件中包含纯文本和 HTML 两种版本。按照这一方案，除了 HTML 版本外，还需要开发并维护一份纯文本版本的发货单，或者只是放置一个链接，指向发货单的网页版本。

发送多部分邮件已经超出了此秘方的范围，大部分基于网页的邮件客户端有发送多部分邮件的选项。维基百科中关于 MIME[2] 的词条对此有一个很好的概述。

---

2 http://en.wikipedia.org/wiki/MIME

> **Joe 问：**
> **我们能否使用语义化标记来替代表格？**
>
> 许多在意标准的开发者避免使用表格，而更乐意使用语义化标记，并依赖 CSS 来管理布局。他们并不关心邮件客户端是否将 CSS 去除，因为邮件本身是可读和可访问的。
>
> 不幸的是，万一你的老板坚持邮件在客户端上也需要有一致的表现。而邮件客户端这种东西，基于标准的网页开发技术是无法消除它的。这就是为什么在此秘方中使用表格实现的原因。

使用 CSS 设计样式

使用表格来布局是由于很多基于页面的邮件客户端去除了 CSS 样式，而无法依赖 CSS 的浮动或者绝对定位。那些基于网页的客户端将所有东西去除，并不是因为其开发者是心胸狭隘的标准厌恶者，而是因为如果允许 CSS，就有可能使邮件和基于页面的应用之间产生样式冲突。

然而，仍然有两个原因支持使用 CSS。首先，对于那些使用支持 CSS 邮件客户端的用户看起来更棒；其次，可以重用发货单模板在静态页面上，如同"支持不支持 HTML 的情况"中谈到的那样。

很多邮件客户端去除了文档中的 `<head>` 部分，只将 `<style>` 标签中的样式信息放置于容器表格之上。

去掉表头周围的间隔，可以去掉浪费的空间。除了页脚外，给每个部分应用背景颜色、表格边框，同时增大内部表格之间的空间，这样就不会显得拥挤。

htmlemail/template.html
```
<style>
  table#inv_addresses h3,
  table#inv_footer h4{
    margin: 0; }
  table{
    margin-bottom: 20px;
  }
```

```
table#inv_footer{
  margin-bottom: 0;
}

body{
  background-color: #eeeeee;
}

table#inv_container{
  background-color: #ffffff;
  border: 1px solid #000000;
}
</style>
```

正确使用了这些样式，发货单看起来就如图 10 所示的那样。不过我们还没结束，至少需要测试一下。

测试邮件

在查看客户端表现之前，可以先看一下邮件在阅读者那边的情况。发送给周围的同事，或者创建 Gmail、Yahoo 和 Hotmail 的账号来展示效果，不过手动测试非常费时。

Litmus[3]提供了一系列工具来帮助人们测试网页和邮件，这些工具不仅支持大量的邮件客户端和浏览器，还包括移动设备。但是这项服务并不免费，我们可以使用试用账号来确保我们的发货单如期工作。

登录 Litmus 账号，创建一个测试，选择目标客户端，然后发送邮件给 Litmus 提供的地址或者通过网络接口上传 HTML 文件。使用 HTML 上传的方法不提供纯文本的反馈，因此一些测试只能以 HTML 的方式反馈，这对测试而言已经足够了。

Litmus 会给出一份详细报告，展示我们所发送的邮件在各邮件客户端上所呈现的样子，如图 11 所示。

由图可知，所写的代码使得各种主要平台上所看到的发货单邮件基本一致，且对大部分用户而言颇具可读性。

---

3 http://litmus.com/

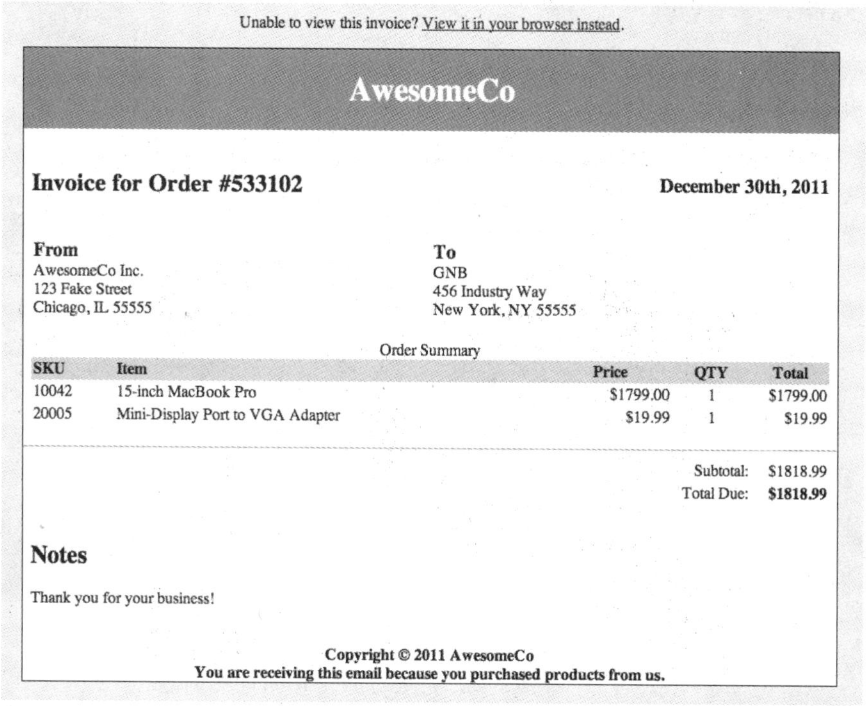
Unable to view this invoice? View it in your browser instead.

AwesomeCo

Invoice for Order #533102

December 30th, 2011

From
AwesomeCo Inc.
123 Fake Street
Chicago, IL 55555

To
GNB
456 Industry Way
New York, NY 55555

Order Summary

SKU	Item	Price	QTY	Total
10042	15-inch MacBook Pro	$1799.00	1	$1799.00
20005	Mini-Display Port to VGA Adapter	$19.99	1	$19.99

Subtotal: $1818.99
Total Due: **$1818.99**

Notes

Thank you for your business!

Copyright © 2011 AwesomeCo
You are receiving this email because you purchased products from us.

图 10　完整的发货单

图像和邮件

在此秘方中并没有谈及图像，主要因为两个原因。首先，提供图像就意味着需要在服务器上放置图像并在邮件中包含此图像的链接；其次，很多公司利用图像来追踪邮件是否被打开，所以大部分邮件客户端是关闭加载图像的。

如果决定在邮件中使用图像，需要确保遵循以下一些简单的规则：

- 确保图像在服务器上可用，并且不要改变图像的链接，因为你不知道用户会在什么时候打开邮件；
- 由于图像往往默认是被禁用的，因此应确保在图像上声明了有描述性的 `alt` 属性；

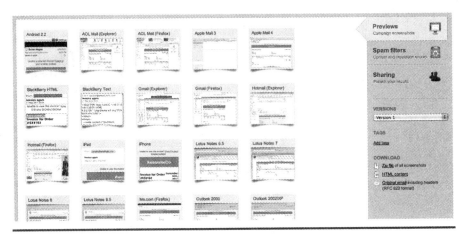

图 11　测试结果

- 放置图像在规则的 `<img>` 标签内,很多邮件客户端不支持表单元格的背景图像,甚至更少支持 CSS 背景图像;
- 由于图像经常被拦截,因此使用图像作为邮件的主体是一个非常糟糕的主意。也许这样做能使外观更漂亮,但会导致可访问性的问题。

在邮件中正确使用图像是非常有效的方式,没必要害怕使用,只是需要留意会遇到的问题。

深入研究
Further Exploration

简单的邮件模板为接收者展示了一个可读的发货单,但它还不具备满足营销或通信的需求。对此,需要更多样式、更多图像,以及更多针对不同邮件客户端的"特殊处理"。

MailChimp[4]了解发送邮件的一些事,毕竟这是其生意。如果你想学习更多关于邮件模板的事情,可以研究 MailChimp 已经开源的邮件模板[5]。他们已经在各主要客户端上测试过了,而且这些注释良好的代码能使我们学到很多 Hack 技巧,能适配各种主要邮件客户端。

---

[4] http://www.mailchimp.com
[5] https://github.com/mailchimp/Email-Blueprints

7 号秘方　多 Tab 界面的内容切换
Swapping Between Content with Tabbed Interfaces

问题 Problem

有时需要在一起显示多个相似的信息，比如某个短语的各种语言版本或者代码实例的多种编程语言版本。这些信息可以一个接一个地显示出来，但会占用很多空间，特别是在内容很长的时候。需要有一种方式能让用户很方便地在各信息之间切换和比较，却不占用过多的屏幕空间。

工具 Ingredients

JQuery

解决方案 Solution

使用 CSS 和 JavaScript 将内容以 Tab 式的交互放入页面，每一部分内容根据其类别会生成一张标签页，同一时间只有一张 Tab 被显示。需要确保的是设计非常灵活，以使任意数量的 Tab 都能得到满足。最终效果如图 12 所示。

为了尝试接触更广泛的受众，往往采用多种语言来显示产品要求。首先构建一个简单的页面用于证明概念，然后再决定进一步前进的方向。

构建 HTML

让我们从构建 HTML 开始，创建展示给用户的元素。为了证明概念，使用配套的两种文本，英语及其拉丁语翻译。

swapping/index.html
```
<!DOCTYPE html>
<html>

  <head>
    <title>Swapping Examples</title>
```

```html
    <script type="text/javascript"
      src="http://ajax.googleapis.com/ajax/libs/jquery/1.7/jquery.min.js">
    </script>
    <link rel="stylesheet" href="swapping.css" type="text/css" media="all" />
    <script type="text/javascript" src="swapping.js"></script>
  </head>
  <body>
    <div class="examples">
      <div class="english example">
        Nor again is there anyone who loves or pursues or desires
        to obtain pain of itself, because it is pain, but occasionally
        circumstances occur in which toil and pain can procure him some
        great pleasure.
      </div>

      <div class="latin example">
        Lorem ipsum dolor sit amet, consectetur adipisicing elit, sed
        do eiusmod tempor incididunt ut labore et dolore magna aliqua.
        Ut enim ad minim veniam, quis nostrud exercitation ullamco
        laboris nisi ut aliquip ex ea commodo consequat.
      </div>
    </div>
  </body>
</html>
```

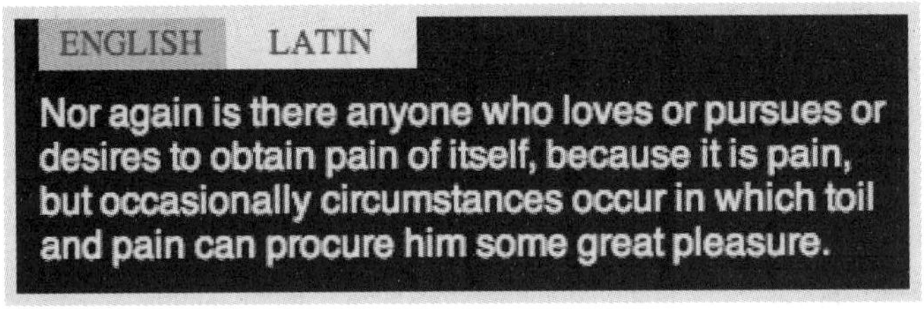

图 12 Tab 形式界面

我们已经建立了基本的结构，class 为 "examples" 的`<div>`标签包含了需要显示的所有文本，其中每一个`<div>`标签包含了供用户切换的实际内容。

现在，将一些 JavaScript 放到一起来创建 Tab 交互使得用户可以在两种文本间切换。我们将使用 jQuery 库来获得一些辅助方法和捷径。

创建 Tab 交互

首先，创建一个名为 `styleExamples()` 的函数，用于管理 JavaScript 不同部分的调用。

> **Joe 问：**
> 我们能否使用 jQuery 提供的 Tab 控件来完成这件事情？
>
> 当然可以，但是 jQuery 提供的 Tab 控件包含了很多我们不会使用的功能，比如事件挂载。创建自己的 Tab 可以保持实现的轻量级并让我们更了解这一切是如何运作的。

swapping/swapping.js
```
function styleExamples(){
  $("div.examples").each(function(){
    createTabs(this);
    activateTabs(this);
    displayTab($(this).children("ul.tabs").children().first());
  });
}
```

通过定位 class 为 "examples" 的 `<div>` 标签，来获得我们的容器，并将每一个子容器传入函数 createTabs()，这一函数将创建供用户进行内容切换的 Tab 交互。现在，我们只关注函数 createTabs()，剩余的函数之后再来讨论。

swapping/swapping.js
```
function createTabs(container){
  $(container).prepend("<ul class='tabs'></ul>");
  $(container).children("div.example").each(function(){
    var exampleTitle = $(this).attr('class').replace('example','');
    $(container).children("ul.tabs").append(
      "<li class='tab "+exampleTitle+"'>"+exampleTitle+"</li>"
    );
  });
}
```

首先，创建一个无序列表（`<ul>`）来放置 Tab，并伪装其为文本实例的容器。

然后，遍历容器中每一个实例，这些实例拥有两个 class，各自的标题和 "examples"。我们只需要标题，因此通过 .attr('class') 获得 class，并替换 example 为空，留下每个将显示在 Tab 中的实例的标题，然后在之前创建的无序列表的 `<li>` 标签中放置标题。

如果现在在浏览器中打开此页面，什么都不会发生，因为 styleExamples()函数并没有被调用，所以 JavaScript 没有被执行。让我们来看看下一步。

Tab 之间的切换

我们的内容被转化为 Tab 交互，但还无法让用户在不同的 Tab 之间进行切换。为了修复这一问题，在页面加载的时候需要调用 styleExamples()函数，这一函数会将各包含实例的<div>标签转变成 Tab 交互：

swapping/swapping.js
```
$(function(){
  styleExamples();
});
```

如果现在在浏览器中加载页面，将看到一个无序列表，含有"english"和"latin"两项内容。到目前为止，进展还不错，但还需要写一个函数来显示不同实例里的内容。首先隐藏所有实例，然后显示想要看到的那一个。

swapping/swapping.js
```
function displayTab(element){
 tabTitle = $(element)
   .attr('class')
   .replace('tab','')
   .replace('selected','').trim();

 container = $(element).parent().parent();
 container.children("div.example").hide();
 container.children("ul.tabs").children("li").removeClass("selected");

 container.children("div."+tabTitle).slideDown('fast');
 $(element).addClass("selected");
}
```

将变量 tabTitle 的 class 从"tab"、"selected"、"english"缩减为只剩"english"，并用于寻找正确的<div>进行显示。现在，我们需要从视野中把一切移除。

swapping/swapping.js
```
container = $(element).parent().parent();
container.children("div.example").hide();
container.children("ul.tabs").children("li").removeClass("selected");
```

我们隐藏了容器内所有 class 为"example"的<div>，还移除了所有<li>标签 class 中的"selected"，即使它们根本没有。

之所以这样处理是为了相对简单，之后一次只需要处理一个元素，而不是处理每一个，同时也提高了代码的可读性。现在，我们已经准备好展示一个满足需求的例子了。

swapping/swapping.js
```
container.children("div."+tabTitle).slideDown('fast');
$(element).addClass("selected");
```

现在看一下例子，通过函数传入的 `class` 名称来匹配寻找用于显示的 `<div>`，显示方式使用了 jQuery 提供的 `slideDown()` 函数。我们还可以尝试使用 jQuery UI 提供的 `.show()`、`.fadeIn()` 或者其他提供动画效果的函数。最后，设置当前 `<li>` 的 `class` 为 "`selected`"，使得 CSS 明确哪个 Tab 需要显示。

现在，已经有了函数 `displayTab()`，但尚未使用。为了在实例间切换，点击实例标题需要触发 `displayTab()` 的调用。

swapping/swapping.js
```
function activateTabs(element){
  $(element).children("ul.tabs").children("li").click(function(){
    displayTab(this);
  });
}
```

简言之，容器的任务就是定位从函数 `createTabs()` 创建的 `<li>` 标签，设置它们被点击时调用函数 `displayTab()`。

设置 Tab 样式

最后，回到函数 `styleExamples()`，我们将看到页面加载时会如何调用一系列函数，构建 Tab 的样式。

swapping/swapping.js
```
function styleExamples(){
 $("div.examples").each(function(){
   createTabs(this);
   activateTabs(this);
   displayTab($(this).children("ul.tabs").children().first());
 });
}
```

最后调用函数 `displayTab()` 的时候设置第一个 Tab 为默认 Tab，在页面加载完成后隐藏其他 Tab 仅显示此项。

至此，已经完成了所有功能，不妨应用一点 CSS 来让最后的界面看上去更美观。

swapping/swapping.css
```css
li.tab {
  color: #333;
  cursor: pointer;
  float: left;
  list-style: none outside none;
  margin: 0; padding: 0;
  text-align: center;
  text-transform: uppercase;
  width: 80px;
  font-size: 120%;
  line-height: 1.5;
  background-color: #DDD;
}

li.tab.selected {
  background-color: #AAA;
}

ul.tabs {
  font-size: 12px;
  line-height: 1;
  list-style: none outside none;
  margin: 0;
  padding: 0;
  position: absolute;
  right: 20; top: 0;
}

div.example {
  font-family: "Helvetica", "san-serif";
  font-size: 16px;
}
div.examples {
  border: 5px solid #DDD;
  font-size: 14px;
  margin-bottom: 20px;
  padding: 10px;
  padding-top: 30px;
  position: relative;
  background-color: #000;
  color: #DDD;
}
```

大功告成，我们现在有了通用代码，可以用来构建一个真正的网站，能够很容易地切换不同语言的产品介绍。

该解决方案节省了相当多空间，因此经常被使用在空间有限的网站上。一般而言，这项技术被用来以 Tab 方式展示产品信息、评论和各种相关信息，但在 JavaScript 不可用的时候，仍需使用线性布局使得所有信息可见。

深入研究
Further Exploration

如果需要始终页面上加载一个特定的 Tab 呢？例如，在页面上展示 Ruby、Python 和 Java 的代码实例，而网站的一个用户想要看 Python 的例子，如果他每次访问新页面的时候不需要重新点击 Python Tab 将是非常好的用户体验。这一问题留给读者进行研究。

另请参考
Also See

- 8 号秘方　可访问的展开和折叠

8号秘方 可访问的展开和折叠
Accessible Expand and Collapse

问题 Problem

需要在网站上展示很长的分类列表时,最好的办法就是使用嵌套的无序列表。然而,在目前的布局下,面对一个巨大的列表,是很难快速定位甚至理解的。因此,能够做些什么用户会感激的事情吗?另外,需要确保在 JavaScript 被禁用,或者用户通过屏幕阅读器来访问我们的网站的情况下,列表也是可访问的。

工具 Ingredients

- jQuery

解决方案 Solution

组织嵌套列表相对简单的方法是使列表可折叠,而嵌套列表不能把内容分离在独立的页面中。这意味着列表的各个分类项可以被隐藏,也可以被展示,这种方式能更好地传递选择性信息。同时,用户也可以方便地控制哪些内容是可见的。

在例子中,首先创建一个无序列表,并按子类进行分组。

collapsiblelist/index.html
```html
<h1>Categorized Products</h1>

<ul class='collapsible'>
  <li>
    Music Players

    <ul>
      <li>16 Gb MP3 player</li>
      <li>32 Gb MP3 player</li>
      <li>64 Gb MP3 player</li>
    </ul>
  </li>
  <li class='expanded'>
    Cameras & Camcorders
```

```
    <ul>
     <li>
       SLR
       <ul>
         <li>D2000</li>
         <li>D2100</li>
       </ul>
     </li>
     <li class='expanded'>
       Point and Shoot
       <ul>
         <li>G6</li>
         <li>G12</li>
         <li>CS240</li>
         <li>L120</li>
       </ul>
     </li>
     <li>
       Camcorders
       <ul>
         <li>HD Cam</li>
         <li>HDR-150</li>
         <li>Standard Def Cam</li>
       </ul>
     </li>
    </ul>
   </li>
</ul>
```

我们想要某些节点在一开始就被指明是折叠的还是展开的。一种吸引人的方案是将需要折叠的节点简单标记样式为"`display: none`",但是当用户使用屏幕阅读器来访问的时候,因有内容被隐藏会导致可访问性被打破。作为替代方案,依靠 JavaScript 在运行时切换节点的可见性,这一方案需要设置列表的初始状态,并添加 CSS 新的 `class` "expanded"。

用户第一次访问此页面时,如果我们知道用户想看"傻瓜相机",那就并不会显示受限的列表,目前会显示完整的分类产品清单,如图 13 所示。一旦列表被折叠起来,用户就只能看到产品大类名称,如图 14 所示。不需要从页面离开,用户仍可以选择浏览我们其他的产品。

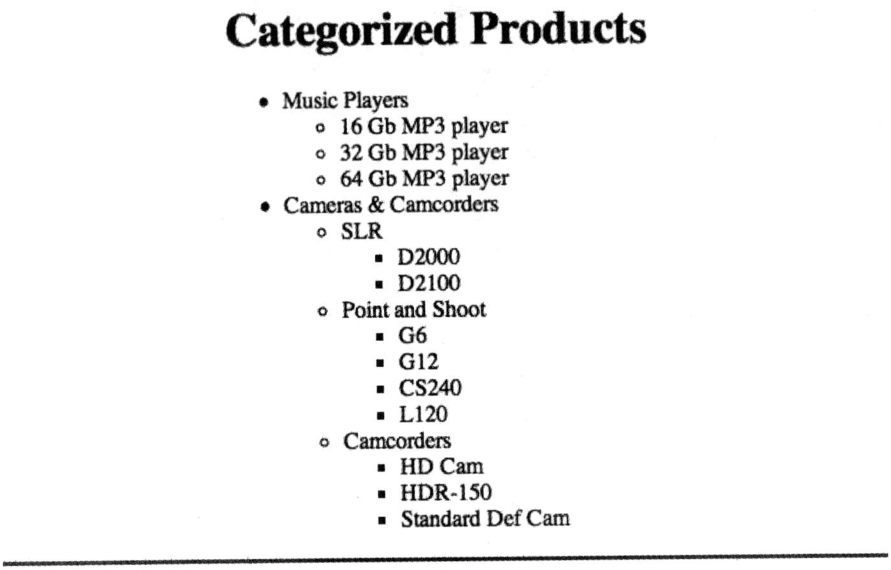

Categorized Products

- Music Players
    - 16 Gb MP3 player
    - 32 Gb MP3 player
    - 64 Gb MP3 player
- Cameras & Camcorders
    - SLR
        - D2000
        - D2100
    - Point and Shoot
        - G6
        - G12
        - CS240
        - L120
    - Camcorders
        - HD Cam
        - HDR-150
        - Standard Def Cam

图 13　完全展开的分类列表

接下来，需要编写 JavaScript 来完成可折叠的功能，以及放在列表顶部的"展开全部"和"折叠全部"辅助链接，注意添加链接也通过 JavaScript 代码完成。就像折叠功能本身所体现的思想一样，我们并不想改变页面上不被使用的标记代码。这样做的好处是能够轻易地在网站中任何列表上添加折叠功能，只需要在`<ul>`元素中添加 class "collapsible"，而不用改变任何标签。

首先编写一个函数用于控制一个节点的展开和折叠，这一函数将作用于 DOM 对象，因此将其作为 jQuery 的插件。这意味着此函数被定义到 jQuery.fn 原型，便可以在元素的范围内调用此函数。函数的定义需要封装到自运行函数中去，因此可以放心使用$符而不需要担心这一符号是否已被其他框架重写。最后，函数返回 this，以确保我们所定义的 jQuery 函数符合 jQuery 的链式习惯。这是编写 jQuery 插件一次很好的练习，在此实现的插件函数的确如预期一样和其他 jQuery 插件一样能够正常工作。

collapsiblelist/javascript.js
```
(function($) {
  $.fn.toggleExpandCollapse = function(event) {
    event.stopPropagation();
    if (this.find('ul').length > 0) {
```

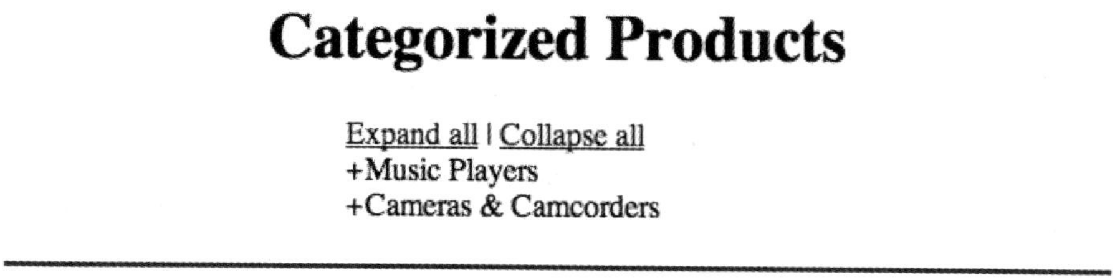

Categorized Products

Expand all | Collapse all
+Music Players
+Cameras & Camcorders

图 14 折叠的列表

```
    event.preventDefault();
    this.toggleClass('collapsed').toggleClass('expanded').
      find('> ul').slideToggle('normal');
  }
  return this;
}
})(jQuery);
```

每一个`<li>`元素的单击事件都会绑定 `toggleExpandCollapse()`函数，包括那些不包含子元素的元素，这种元素也被称为叶节点。之所以包括叶节点是因为需要它们做一件非常重要的事——不做任何事。未处理的点击事件最终会传递到 DOM 对象，如果仅仅只是给`<li>`元素添加"expanded"或"collapsed"这两种 class 来绑定点击事件，叶节点的点击事件会传递到父元素`<li>`上，而这一父元素是可折叠的节点，这就意味着父元素的点击事件被触发，导致预料之外的忽然折叠，我们显然不能如此伤害用户的脆弱神经。为了避免这种灾难的发生，可运行 `event.stopPropagation()`函数。给所有`<li>`元素添加事件句柄可以确保点击事件不会向外传递，也可以确保不发生动作的时候不会有动作发生。更多关于事件传播的细节，可以阅读"为什么不只返回一个 False？"

正如本章开头所提的，列表的顶部需要辅助链接用于改变所有节点的状态。我们可以使用 jQuery 来创建这些链接，并加入可展开列表。用 jQuery 构建 HTML 正变成一件累赘的事情，因此最好将点击事件的逻辑移到各自的辅助方法里，这样可以保证 `prependToggleAllLinks()`函数的可读性。

collapsiblelist/javascript.js
```
function prependToggleAllLinks() {
  var container = $('<div>').attr('class', 'expand_or_collapse_all');
  container.append(
    $('<a>').attr('href', '#').
      html('Expand all').click(handleExpandAll)
  ).
```

> **Joe 问：**
> **为什么不只返回 False？**
>
> jQuery 函数返回 false 有两层含义，一是防止事件继续在 DOM 树中的传递，二是表示此元素的默认行为是不做任何事。这种方式在大部分情况下都适用，但有时候需要区分停止触发事件和触发后的默认行为这两种动作，比如需要提供这种默认行为的时候代码崩溃了。这就是为什么有时候显式地调用 event.stopPropagation() 或 event.preventDefault() 比简单在函数最后返回 false 要更准确。[a]
>
> ---
> a. http://api.jquery.com/category/events/event-object/

```
    append(' | ').
    append(
      $('<a>').attr('href', '#').
      html('Collapse all').click(handleCollapseAll)
    );
  $('ul.collapsible').prepend(container);
}

function handleExpandAll(event) {
  $('ul.collapsible li.collapsed').toggleExpandCollapse(event);
}

function handleCollapseAll(event) {
  $('ul.collapsible li.expanded').toggleExpandCollapse(event);
}
```

如同实例中的 `<a>` 标签那样，在 jQuery 中，可以通过描述类型的字符串就能快速创建相应的 DOM 对象，也可以通过其所提供的 API 来设置标签的属性和 HTML 代码。为简单起见，我们创建的两个链接"全部展开"和"全部折叠"之间就用管道符分隔。当这两个链接被点击时，相应的辅助函数就会被触发。

最后，编写初始化函数，在页面加载完毕后执行。这一函数将隐藏没有标记"expanded"的节点，并给其余 `<li>` 元素加上"collapsed"标记。

collapsiblelist/javascript.js
```
function initializeCollapsibleList() {
  $('ul.collapsible li').click(function(event) {
    $(this).toggleExpandCollapse(event);
  });
```

```
  $('ul.collapsible li:not(.expanded) > ul').hide();
  $('ul.collapsible li ul').
    parent(':not(.expanded)').
    addClass('collapsed');
}
```

所有标记为"`collapsible`"队列里的`<li>`元素都被绑定上了点击事件。除了产品项本身，所有的`<li>`元素也都被加上取值"`expand`"或"`collapse`"的`class`，这些`class`能帮助我们实时改变列表的样式。

当 DOM 加载完毕，我们通过调用初始化列表的函数和添加"全部展开"|"全部折叠"链接的函数将一切结合在一起。

collapsiblelist/javascript.js
```
$(document).ready(function() {
  initializeCollapsibleList();
  prependToggleAllLinks();
})
```

由于这是一个 jQuery 插件，因此可以很容易地应用到任何一个列表上，只需添加值为"`collapsible`"的 `class` 即可。以上代码很容易重用，之后如果遇到又长又乱的列表，就可以很方便地让它变得既易于浏览又易于理解了。

深入研究
Further Exploration

从一个不采用 JavaScript 脚本稳固可用的结构开始，会陆续加入各种功能。相比于直接在 HTML 代码中添加 JavaScript，更好的方式是通过 CSS 来连接 JavaScript 对页面的操作，这种做法可以让各部分完全去除耦合性。网站不过分依赖 JavaScript 也能让更多的人正常访问，因为 JavaScript 并不一定都是可用的。这其实是一种渐进增强的方法，强烈建议采用。

如果需要构建一个照片库，点击照片缩略图的时候会在一个新的页面中展示这张照片的大尺寸版本。可以使用 JavaScript 截获对图片的点击事件，然后在一个 lightbox 中展示全尺寸的图片。在 JavaScript 可用的情况下，也可以使用 JavaScript 添加其他各种有用的操作，如同我们在本章秘方中所做的那样。

如果需要创建表单来插入记录或更新屏幕上的数值，可以首先通过普通的 HTTP POST 请求生成表单，然后使用 JavaScript 截获此表单的提交事件转而通过 Ajax 发送此请求。

听上去工作量不少，但最终会节省很多时间，只是需要充分利用表单的语义标签，通过 jQuery 中类似 serialize() 之类的函数准备表单数据，这种相较于从输入框中读取数据构建自己的 POST 请求要好得多。

对于本章的问题，jQuery 和其他新兴的库能够很容易就构建出简单可行的解决方案。

另请参考
Also See

- 9 号秘方　使用快捷键与网页交互
- 11 号秘方　用无尽分页方式显示信息

9 号秘方　使用快捷键与网页交互
Interacting with Web Pages Using Keyboard Shortcuts

问题
Problem

网站的访问者通常使用鼠标与网站进行交互，但这并不总是最有效的方式。快捷键这种方式越发普遍，比如 Gmail 和 Tumblr 都采用了快捷键，增强了可访问性，使得用户能快速而舒适地完成常见任务。我们希望给自己的网站带入这种功能，但是需要确保不会与现有应用产生冲突，比如搜索框。

工具
Ingredients

- jQuery

解决方案
Solution

快捷键功能是通过 JavaScript 监视页面上的按键来实现的，它会绑定一个函数到页面文档的按键事件中去。当一个键被按下时，检查这个键是否为在用的快捷键，并针对这个键调用特定的函数。

我们有一个网站，上面有大量各种主题的博文。经过可用性测试之后，我们发现用户只是通过扫描标题和第一段的部分内容来决定是否阅读这篇博文。如果用户不感兴趣，就会滚动到下一篇文章。由于一些文章很长，转到下一篇文章需要滚动很多下。因此，我们想创建一些基础的快捷键来帮助用户轻松地在文章之间移动、在页面之间切换并快速使用搜索框，需添加快捷键的页面交互如图 15 所示。

设置

首先，添加在当前页面文章之间移动的功能。需要创建一张页面，页面上包含一些文章，所有文章都有值为 "entry" 的 class。快捷键 "j" 是回上一篇文章，快捷键 "k" 是去下一篇文章。

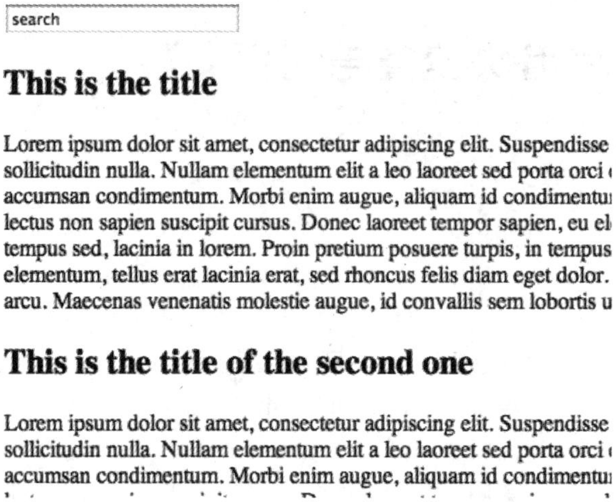

图 15　一张包含搜索框和多篇文章的普通页面

这两个字母在很多应用程序里都是表示"上一条记录"和"下一条记录"的意思，包括 Vim，这将在 38 号秘方中介绍，这些设置往往已约定俗成。之后，我们将使用左右箭头处理页面间的切换问题，然后创建用于搜索框的快捷键。

让我们从创建原型开始，该原型包含一个搜索框和一些搜索结果，可用于测试我们键盘的导航能力。

keyboardnavigation/index.html
```html
<!DOCTYPE html>
<html>
  <head>
    <script type="text/javascript"
      src="http://ajax.googleapis.com/ajax/libs/jquery/1.7/jquery.min.js">
    </script>
    <script type="text/javascript"
      src='keyboard_navigation.js'></script>
  </head>
  <body>
    <p>Make this page longer so you can tell that we're scrolling!</p>
    <form>
      <input id="search" type="text" size="28" value="search">
    </form>
    <div id="entry_1" class="entry">
      <h2>This is the title</h2>
      <p>Lorem ipsum dolor sit amet...</p>
    </div>
    <div id="entry_2" class="entry">
      <h2>This is the title of the second one</h2>
      <p>In hac habitasse platea dictumst...</p>
```

```
    </div>
  </body>
</html>
```

由于篇幅限制，例子举得很短。为了看到在文章之间移动的整体效果，需要加入更多`<div id="entry_x" class="entry">`部分，并确保文章的内容比浏览器一次显示的内容要长，这样效果会更明显。

捕捉按键

使用jQuery在页面加载完成时设置几个事件句柄，当之前商定的导航键被按下时，相应的导航函数就会被调用。`$(document).keydown()`方法能够使我们确定具体哪个键被按下，根据按键的代码[6]通过条件分支语句实现调用不同的函数。

keyboardnavigation/keyboard_navigation.js
```javascript
$(document).keydown(function(e) {
  if($(document.activeElement)[0] == $(document.body)[0]){
    switch(e.keyCode){
    // In Page Navigation
    case 74: // j
      scrollToNext();
      break;
    case 75: // k
      scrollToPrevious();
      break;
    // Between Page Navigation
    case 39: // right arrow
      loadNextPage();
      break;
    case 37: // left arrow
      loadPreviousPage();
      break;
    // Search
    case 191: // / (and ? with shift)
      if(e.shiftKey){
        $('#search').focus().val('');
        return false;
      }
      break;
    }
  }
});
```

---

6 其他键控代码值，可由 http://www.cambiaresearch.com/c4/702b8cd1-e5b0-42e6-83ac-25f0306e3e25/ javascript-char-codes-key-codes.aspx 获取列表。

在检查是哪一个键被按下之前,应确保没有中断用户正常的行为。keydown 函数的第一行是 `if($(document.activeElement)[0] == $(document.body)[0])`,它能确保活动元素就是页面本身,这样可以避免当用户在搜索框或文本区域中打字的时候被捕捉按键。

滚动

为了在各条目之间滚动,需要知道条目列表以及上一次滚动到的条目。首先需要设置好一切,当在页面上第一次使用滚动功能的时候,能知道定位到第一个项目。

keyboardnavigation/keyboard_navigation.js
```
$(function(){
  current_entry = -1;
});
```

页面加载时,设置变量 current_entry 为-1,表示还未滚动到任何地方。这一变量用于指示显示具体哪一个 class 为 entry 的对象,由于 JavaScript 数组是从零开始索引的,第一项将放在 0 的位置。

在"捕捉按键"一节中,定义了按键时调用的函数。当按下 j 键时,调用 scrollToNext() 函数,滚动到页面中的下一项。

keyboardnavigation/keyboard_navigation.js
```
function scrollToNext(){
  if($('.entry').size() > current_entry+1){
    current_entry++;
    scrollToEntry(current_entry);
  }
}
```

在 scrollToNext() 函数内,首先检查滚动的目标是否存在,可以通过 current_entry 变量与页面内条目数的大小关系来判断。如果滚动的目标存在,则将变量 current_entry 加 1,并调用 scrollToEntry() 函数。

keyboardnavigation/keyboard_navigation.js
```
function scrollToEntry(entry_index){
  $('html,body').animate(
    {scrollTop: $("#"+$('.entry')[entry_index].id).offset().top},'slow');
}
```

scrollToEntry()函数应用 jQuery 的动画库来展示滚动到目标条目的过程，既然变量 current_entry 中所储存的是当前所展示的条目索引，我们就可以直接从条目中获取 ID 然后告诉 jQuery 滚动到那儿。

当用户按下 k 键时，一个类似的函数 scrollToPrevious() 被调用，如下所示：

```
keyboardnavigation/keyboard_navigation.js
function scrollToPrevious(){
  if(current_entry > 0){
    current_entry--;
    scrollToEntry(current_entry);
  }
}
```

因为 0 是页面上条目的最小索引，所以 scrollToPrevious() 函数需要确保不会处理索引小于 0 的情况。如果不处在第一条目调用此函数时，将变量 current_entry 减 1，并调用 scrollToEntry() 函数。

现在我们的用户能够在不同条目之间滚动，快速方便地浏览页面内容。但是当到达页面底部的时候，他们需要移动到下页去。下一步我们来实现这一功能。

分页

页面之间的导航有各种方式，在本例中，我们假设页面是通过 URL 中的参数 page 来指定的，改变此参数的取值就能进行页面的跳转。

为了保持代码的整洁，创建函数 getQueryString() 用于从 URL 中获取页码。

```
keyboardnavigation/keyboard_navigation.js
function getQueryString(name){
  var reg = new RegExp("(^|&)"+ name +"=([^&]*)(&|$)");
  var r = window.location.search.substr(1).match(reg);
  if (r!=null) return unescape(r[2]); return null;
}
```

在 getQueryString() 函数的基础上，创建 getCurrentPageNumber() 函数判断参数 page 是否存在。如果存在，获得参数 page 的取值并转成整数返回；如果不存在，则默认是第一张页面，返回 1。注意，这里的返回值是整数而不是字符串，因为之后的处理中这个值会被作为整数去匹配页码。

keyboardnavigation/keyboard_navigation.js
```
function getCurrentPageNumber(){
  return (getQueryString('page') != null) ?
    parseInt(getQueryString('page')) : 1;
}
```

我们的代码监听着左方向键和右方向键，当用户按下右方向键时，`loadNextPage()`函数被调用，此函数计算下一页的页码并直接跳转过去。

keyboardnavigation/keyboard_navigation.js
```
function loadNextPage(){
  page_number = getCurrentPageNumber()+1;
  url = window.location.href;
  if (url.indexOf('page=') != -1){
    window.location.href = replacePageNumber(page_number);
  } else if(url.indexOf('?') != -1){
    window.location.href += "&page="+page_number;
  } else {
    window.location.href += "?page="+page_number;
  }
}
```

首先确定当前的页码，然后对变量`page_number`加 1 表示下一页。下一页的地址可以通过抓取当前的 URL 更新获得，这是该过程中最复杂的部分（因为 URL 构成的方式会有很多）。检查是否包含"`page=`"，如果包含形如"`http://example.com?page=4`"的内容，只需替换当前页码即可，替换可以通过正则表达式和 `replace()`函数实现。既然回到上一页同样也需要替换页码，就创建 `replacePageNumber()`函数，这样当 URL 结构变化的时候只需更新代码即可。

keyboardnavigation/keyboard_navigation.js
```
function replacePageNumber(page_number){
  return window.location.href.replace(/page=(\d)/,'page='+page_number);
}
```

如果 URL 不包含"`page=`"，则需要添加整个参数到 URL 中。第一步，检查 URL 是否包含其他参数，通过检查是否包含"`?`"就能实现。如果包含形如"`http://example.com?foo=bar`"的内容则可以直接将页码加到最后，否则需要自己创建参数部分，其代码在"`if else`"代码块最后的"`else`"部分。

我们使用类似的技术来加载前一页，虽然显得更简单。获得当前页码后，减1，需要确保不加载页码数小于1的页。检查变量 page_number 是否大于0，如果大于0则更新"page="为新页码并跳转。

```
keyboardnavigation/keyboard_navigation.js
function loadPreviousPage(){
    page_number = getCurrentPageNumber()-1;
    if(page_number > 0){
      window.location.href = replacePageNumber(page_number);
    }
}
```

现在，我们可以在页面之间以及条目之间移动了，接下来创建一种快速访问搜索框的方法。

导航至搜索框

快捷键中最有意义的是"?"键，但它是通过同时按下两个键而获得的，因此与其他快捷键的处理略有不同。首先，我们捕捉到键码 191，这代表"/"键。当这个键被按下时，我们访问 shiftKey 属性，如果"Shift"键被按下的话将取 true。

```
keyboardnavigation/keyboard_navigation.js
case 191: // / (and ? with shift)
  if(e.shiftKey){
    $('#search').focus().val('');
    return false;
  }
  break;
```

如果 Shift 键被按下，通过 DOM ID 取得搜索框，调用 focus() 方法将光标放入搜索框，调用 val('') 清除搜索框内的内容，最后调用 return false，这避免了将"?"打入搜索框。

深入研究
Further Exploration

我们已经添加了一些快捷键，使得用户在浏览网站时手部无须离开键盘。一旦框架搭建起来，添加新的快捷键就轻而易举了。可以添加快捷键（如空格）用来展示 lightbox，也可以添加快捷键用来弹出控制台显示正在运行的任务，还可以添加快捷键用于更新文章。

许多其他基于 JavaScript 的章节中也有快捷键的使用，如 4 号秘方中的浏览图片，以及 8 号秘方中的使用键盘、扫描或扩展项目。

另请参考
Also See

- 4 号秘方　用 jQuery 创建交互幻灯片
- 8 号秘方　可访问的展开和折叠
- 29 号秘方　以 CoffeeScript 清理 JavaScript
- 38 号秘方　使用 Vim 修改 Web 服务器配置文件

10 号秘方　使用 Mustache 创建 HTML
Building HTML with Mustache

问题
Problem

让人惊叹的交互需要创建很多动态、异步的 HTML，通过 jQuery 等 Ajax 和 JavaScript 库，可以让我们在不重新加载页面的情况下改变用户界面。通常情况下，添加新元素使用字符串拼接的方法，但这种方法难以管理且易于出错，会让我们纠缠于单双引号的混合使用和 `jQuery append()` 函数的无尽调用。

工具
Ingredients

- jQuery
- Mustache.js

解决方案
Solution

庆幸的是，Mustache 等新工具，能让我们编写实际的 HTML，填充上数据，并插入到网页文档中去。Mustache 是一种能够兼容多种常用语言的 HTML 模板工具，能让我们写出清晰的客户端 HTML 视图，并将 JavaScript 代码抽象出来。同时，它还支持条件逻辑和迭代功能。

在新内容产生的时候，使用 Mustache 能简化 HTML 的创建。我们通过一个 JavaScript 驱动的产品管理应用来探讨 Mustache 的语法。

目前的应用可以增加新的产品到产品列表中，例子所采用的是标准的开发方式，使用 JavaScript 和 Ajax。用户在表单内加入新产品信息，请求服务端保存此产品并在列表中显示它。我们使用字符串拼接的方式将新产品加入列表，这种方式不仅笨拙而且难以阅读，如下所示：

```
mustache/submit.html
var newProduct = $('<li></li>');
newProduct.append('<span class="product-name">' +
  product.name + '</span>');
newProduct.append('<em class="product-price">' +
  product.price + '</em>');
newProduct.append('<div class="product-description">' +
  product.description + '</div>');

productsList.append(newProduct);
```

使用 Mustache.js 非常容易，只需要下载此脚本即可。你可以在本书的代码库中找到此文件的某一版本，也可以从 GitHub 下载[7]最新版本。

渲染模板

为了重构现有的程序，首先需要学习如何用 Mustache 渲染模板，最简单的方法是调用函数 to_html()。

```
Mustache.to_html(templateString, data);
```

这一函数接受两个参数，一个是用于渲染的 HTML 模板字符串，另一个是要注入到 HTML 的数据。数据变量是一个键值对，它的键就是模板中的局部变量。查看如下代码：

```
var artist = {name: "John Coltrane"};
var rendered = Mustache.to_html(
  '<span class="artist name">{{ name }} </span>', artist);
$('body').append(rendered);
```

rendered 变量就包含了 to_html 方法吐出的最终的 HTML。Mustache 使用双大括号标记 HTML 模板中的变量。最后一行代码表示追加渲染后的 HTML 到 <body>。

这是使用 Mustache 渲染模板最简单的方式。在应用程序中，给服务器发送请求以获取数据相关代码的方式有许多，但其创建模板的过程却是相同的。

---

7 https://github.com/janl/mustache.js

更换现有系统

现在我们了解了如何渲染模板,可以从应用中将字符串拼接的老方法移除了。查看以下代码,分析哪些可被删除或替换。

mustache/submit.html
```javascript
function renderNewProduct() {
  var productsList = $('#products-list');

  var newProductForm = $('#new-product-form');

  var product = {};
  product.name = newProductForm.find('input[name*=name]').val();
  product.price = newProductForm.find('input[name*=price]').val();
  product.description =
    newProductForm.find('textarea[name*=description]').val();

  var newProduct = $('<li></li>');
  newProduct.append('<span class="product-name">' +
    product.name + '</span>');
  newProduct.append('<em class="product-price">' +
    product.price + '</em>');
  newProduct.append('<div class="product-description">' +
    product.description + '</div>');

  productsList.append(newProduct);

  productsList.find('input[type=text], textarea').each(function(input) {
    input.attr('value', '');
  });
}
```

这些凌乱的代码阅读起来让人很头痛,而且不易维护。抛弃这种使用 jQuery append 函数构建 HTML 的方法,使用 Mustache 来渲染 HTML。我们通过 Mustache 编写 HTML 并填充数据!第一步就是创建模板来减少 JavaScript 的混乱使用,其次就是用产品数据来渲染这一模板。

创建一个 `<script>` 元素,设置内容类型为 "`text/template`",在其中填入 Mustache HTML,整个作为我们的模板。设置一个 ID,用于 JavaScript 对其引用。

```html
<script type="text/template" id="product-template">
  <!-- template HTML -->
</script>
```

接下来,编写模板的 HTML 代码。我们在对象表单中已经有一些产品存在,因此可使用它们的属性来作为模板中的变量名。

> **Joe 问：**
> **我们可以使用外部模板吗？**
>
> 使用内联模板非常方便，但是需要将模板逻辑从服务端的视图中移除。在服务器上创建一个文件夹用于存放所有的视图文件，然后根据 GET 请求选择其中的一个进行渲染。
>
> ```
> $.get("http://mysite.com/js_views/external_template.html",
>   function(template) {
>     Mustache.to_html(template, data).appendTo("body");
>   }
> );
> ```
>
> 这能够使我们的服务端逻辑独立于客户端逻辑。

```html
<script type="text/template" id="product-template">
  <li>
    <span class="product-name">{{ name }}</span>
    <em class="product-price">{{ price }}</em>
    <div class="product-description">{{ description }}</div>
  </li>
</script>
```

模板就绪后，可以回头看一下之前的代码，重写 HTML 插入的部分。通过 jQuery 提供的 `html()` 函数，可以获得模板，然后只需要将模板和数据传给 Mustache 即可。

```
var newProduct = Mustache.to_html( $('#product-template').html(), product);
```

至此，查看结果会发现一切都很不错，但我们希望在服务器没有返回 description 内容的时候不显示 description 区域，即在 description 不存在的时候不必渲染相应的 `<div>`。幸运的是，Mustache 提供了条件语句，通过它可以检查 description 是否存在并根据情况渲染相应的 `<div>`。

```
{{#description}}
  <div class="product-description">{{ description }}</div>
{{/description}}
```

相同的操作符，同样用于数组的遍历。它会检查变量类型，如果是数组则进行遍历。

使用迭代

我们已经为新增产品的功能更改了代码，下一步尝试更改整个应用更多的地方。在显示产品和说明的索引页上用 JavaScript 做和上文相同的渲染。创建产品列表作为 `data` 对象的一个属性，列表中的每一个产品拥有 `notes` 属性，该属性是在模板内迭代的列表。

首先，获得产品列表并渲染，假设我们的服务器返回 JSON 数组，如下所示：

mustache/index.html
```
$.getJSON('/products.json', function(products) {
  var data = {products: products};
  var rendered = Mustache.to_html($('#products-template').html(), data);
  $('body').append(rendered);
})
```

现在，我们需要建立一个模板用于渲染产品。`Mustache` 使用哈希操作符 `{{#variable}}` 进行数组的迭代遍历，在我们的迭代中，每个属性都是队列中对象的属性。

mustache/index.html
```
<script type="text/template" id="products-template">
  {{#products}}
    <li>
      <span class="product-name">{{ name }}</span>
      <em class="product-price">{{ price }}</em>
      <div class="product-description">{{ description }}</div>
      <ul class="product-notes">
        {{#notes}}
          <li>{{ text }}</li>
        {{/notes}}
      </ul>
    </li>
  {{/products}}
</script>
```

到目前为止，通过模板和 `Mustache`，索引页可以完全在浏览器中生成。

JavaScript 模板是一种优化 JavaScript 应用结构的好方法，我们学习了如何渲染模板、使用条件逻辑、应用迭代，等等。`Mustache.js` 是一种简单的方法，去除了拼接字符串的操作，以一种具有语义的可读的方式来创建 HTML。

深入研究
Further Exploration

Mustache 模板不仅可以让我们保持客户端代码的整洁,同样也能应用到服务端代码中去,它有多种语言的实现,包括 Ruby、Java、Python、ColdFusion 等等。可以在其官网[8]找到更多信息。

这意味着一个项目中前端和后端都可以使用 Mustache 作为模板引擎。例如,通过 Mustache 模板生成 HTML 表格,初始化的时候可以使用此模板,成功提交 Ajax 请求之后也可以使用此模板在表格中追加行。

另请参考
Also See

- 11 号秘方 用无尽分页方式显示信息
- 13 号秘方 通过 Knockout.js 使客户端交互更清爽
- 14 号秘方 使用 Backbone.js 组织代码
- 20 号秘方 使用 JavaScript 和 CouchDB 建立带状态的网站

---

8 http://mustache.github.com/

11 号秘方　用无尽分页方式显示信息
Displaying Information with Endless Pagination

问题
Problem

为了避免信息过载以及防止服务器崩溃，限制一次能够访问的内容是很有必要的。传统的做法就是给这些页面增加分页，即一开始只显示很小一部分数据，同时让用户能够在页面之间跳转，浏览自己想看的内容，也就是说，用户看到的总是一部分内容。

随着网站开发技术的发展，网站开发者认识到大部分时间下用户总是顺序访问这些页面。事实上，他们很乐意滚动整个列表直到找到想要的，甚至直接拖动到列表的底端。我们需要为用户提供这类体验，而不加重服务器的负担。

工具
Ingredients

- jQuery
- Mustache.js[9]
- QEDServer

解决方案
Solution

无尽分页可以提供一种有效的方式来管理资源，同时改善终端用户的体验。现在采用先在后台加载下一页，待用户滚动到当前页的最末时，直接将下一页的内容添加到当前页中去，以取代传统的翻页浏览方式。

我们想要给网站添加一个产品线列表；但我们的商品目录太繁杂，难以一次加载完毕。这意味着我们不得不给这个列表做分页，限制用户一次浏览的产品数量。为方便用户，我们取消了"下一页"按钮，而在用户需要的时候自动

---

[9] http://github.com/documentcloud/underscore/blob/master/underscore.js

加载之后的页面。对用户而言，整个产品列表似乎已经在加载时就提供给他们了。

我们将使用 QEDServer 及其产品目录来建立一个工作原型。所有代码最终将被放置在 QEDServer 工作目录下的 `public` 文件夹中，需要启动 QEDServer，然后在 `public` 文件夹下创建一个名为 `products.html` 的文件。可以查看前言中的相关内容来了解 QEDServer 工作的细节。

使用 Mustache 模板库来保持代码整洁，曾在 10 号秘方中讨论过，我们只需下载并将其放置在 `public` 文件夹下即可。

首先，我们将在 `index.html` 文件里创建一个简单的 HTML5 框架，它包括 jQuery、Mustache 模板库和 endless_pagination.js，其中 endless_pagination.js 用于存放分页代码的文件。

endlesspagination/products.html
```html
<!DOCTYPE html>
<html>
  <head>
    <meta charset='utf-8'>
    <title>AwesomeCo Products</title>
    <link rel='stylesheet' href='endless_pagination.css'>
    <script type="text/javascript"
      src="http://ajax.googleapis.com/ajax/libs/jquery/1.7/jquery.min.js">
    </script>
    <script type="text/javascript" src="mustache.js"></script>
    <script src="endless_pagination.js"></script>
  </head>
  <body>
    <div id="wrap">
      <header>
        <h1>Products</h1>
      </header>
    </div>
  </body>
</html>
```

在初始页的主体添加内容占位符和加载图像，如图 16 所示。一旦用户浏览到当前页面的最底端时，加载图像就会出现，好似下一页已经在被加载一样，事实上，也应该如此。

```
endlesspagination/products.html
<div id='content'>
</div>
<img src='spinner.gif' id='next_page_spinner' />
```

QEDServer 的 API 响应 JSON 请求返回分页结果，详见 http://localhost:8080/products.json?page=2。

我们知道需要从服务器获取什么信息，开始编写处理 JSON 数组的函数，使用 Mustache 模板来进行标记，并追加到页面最底端，这些代码将被放入 `endless_pagination.js` 文件中。首先，需要编写一个处理 JSON 响应到 HTML 的函数。

```
endlesspagination/endless_pagination.js
function loadData(data) {
  $('#content').append(Mustache.to_html("{{#products}} \
    <div class='product'> \
      <a href='/products/{{id}}'>{{name}}</a> \
      <br> \
      <span class='description'>{{description}}</span> \
    </div>{{/products}}", { products: data }));
}
```

对每一个产品，模板将创建一个 `<div>`，其内容是显示为产品名称的链接。这样的话，新的条目附在产品列表的最后，并显示在页面上。

接下来，既然浏览到页面最底端时会请求下一页面，那么需要确定下一页，这可以通过一个全局变量来实现。然后，我们可以创建下一页的 URL。

```
endlesspagination/endless_pagination.js
var currentPage = 0;
function nextPageWithJSON() {
  currentPage += 1;
  var newURL = 'http://localhost:8080/products.json?page=' + currentPage;

  var splitHref = document.URL.split('?');
  var parameters = splitHref[1];
  if (parameters) {
    parameters = parameters.replace(/[?&]page=[^&]*/, '');
    newURL += '&' + parameters;
  }
  return newURL;
}
```

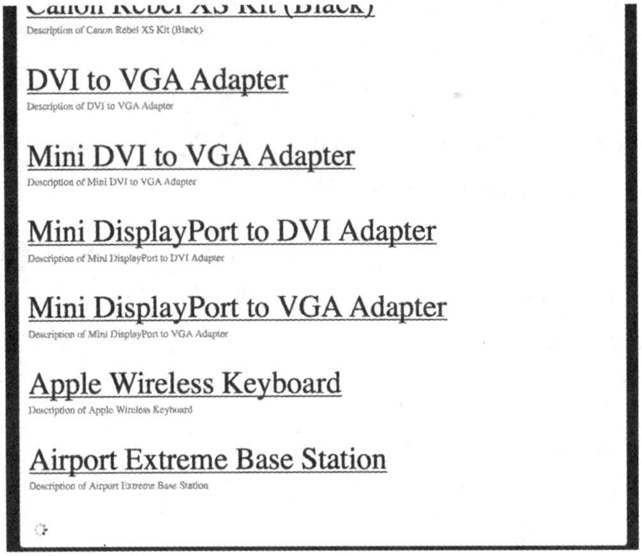

图 16　到达页面底端

函数 `nextPageWithJSON()` 将变量 `currentPage` 加 1，并将其作为 page 参数拼入 URL。我们也要知道当前 URL 上的其他参数。同时，如果存在旧的 page 参数则需要确保其被重写。通过这种方式，我们将从服务器获得期望的反馈。

目前，我们有相关函数用于展示新的内容、确定下一页的 URL，此时需要再添加一个函数用来请求内容，这一函数的核心就是使用 Ajax 访问服务器。不过，我们需要通过一种基本方法的实现来防止多余和不必要的调用。加入 `loadingPage` 这一全局变量，并初始化为 0。在进行 Ajax 调用之前加 1，并在调用完成后置 0。这就是互斥机制或加锁机制，如果没有这套机制，就有可能向服务器多次发送对下一页的请求，即便我们不需要，服务器也会响应。

```
endlesspagination/endless_pagination.js
var loadingPage = 0;
function getNextPage() {
  if (loadingPage != 0) return;
```

```
  loadingPage++;
  $.getJSON(nextPageWithJSON(), {}, updateContent).
    complete(function() { loadingPage-- });
}

function updateContent(response) {
  loadData(response);
}
```

Ajax 调用完成之后，将响应交给函数 `loadData()` 来处理。函数 `loadData()` 添加完新内容之后，更新变量 `nextPage` 中所存储的 URL，并做好下次 Ajax 调用的准备。

在请求下一页内容的函数中，需要一种方法来确定用户是否已经准备加载此页面。通常以用户点击"下一页"链接为依据，但我们通过判断浏览器底边和页面底边之间的距离是否小于某给定值为依据。

endlesspagination/endless_pagination.js
```
function readyForNextPage() {
  if (!$('#next_page_spinner').is(':visible')) return;

  var threshold = 200;
  var bottomPosition = $(window).scrollTop() + $(window).height();
  var distanceFromBottom = $(document).height() - bottomPosition;

  return distanceFromBottom <= threshold;
}
```

最后，创建一个滚动事件句柄来调用函数 `observeScroll()`，同理，当用户滚动页面时，都会调用函数 `readyForNextPage()`，当返回值为 `true` 时，则调用函数 `getNextPage()` 发送 Ajax 请求。

endlesspagination/endless_pagination.js
```
function observeScroll(event) {
  if (readyForNextPage()) getNextPage();
}

$(document).scroll(observeScroll);
```

> **在 IE8 中的功能性**
>
> 在 IE8 中测试此代码,发现并不可行。其原因在于,IE8 对 JSON 头有特殊的格式要求,比如当期望是 "UTF-8" 时需要发送 "utf8" 字符串。如果没有恰当的头,Ajax 请求将悄然失效,页面上除了加载标志就是空白了。在服务器端处理 JSON 或在客户端使用 IE 时,请务必牢记这一点。

我们已经处理了无尽的部分,但在现实世界中,我们的内容总会有一个尽头。当用户看到最后一项内容时,应该隐藏加载提示栏,否则会让他们误以为网络很慢或是网站崩溃了。因此,为了移除加载提示栏,我们添加一项检查,当服务器返回空列表时就隐藏加载提示栏。

```
endlesspagination/endless_pagination.js
function loadData(data) {
  $('#content').append(Mustache.to_html("{{#products}} \
  <div class='product'> \
    <a href='/products/{{id}}'>{{name}}</a> \
    <br> \
    <span class='description'>{{description}}</span> \
  </div>{{/products}}", { products: data }));
  if (data.length == 0) $('#next_page_spinner').hide();
}
```

这就是实现功能的代码,当用户到达整个列表的底部时,加载提示栏消失。

深入研究
Further Exploration

这项技术非常适用于长列表的展示,并提供用户期望的交互。程序功能已被分离到各个函数中,因此适用于其他情景。通过改变 `threshold` 变量的值可以调节内容加载的时间,通过改写 `loadData()` 函数可以支持以 HTML 格式或 XML 格式返回的结果,而不仅仅支持 JSON 格式。最棒的是,在 jQuery 缺失的情况下,网站依然是可访问的,这可以通过禁用 JavaScript 来测试。

在下一个秘方中,我们将探讨增加对 URL 变化的支持和增加后退按钮,使得功能对用户更友好。

另请参考
Also See

- 12 号秘方 带状态的 Ajax
- 10 号秘方 使用 Mustache 创建 HTML

12 号秘方　带状态的 Ajax
State-Aware Ajax

问题
Problem

互联网的伟大之处在于人们可以方便地分享链接，但是随着 Ajax 网站的出现，这一特性就不再是默认的了。访问 Ajax 链接无法保证浏览器的 URL 不被更新，这不仅限制了链接的分享，也破坏了后退功能。这种类型的网站看起来像是互联网中的异类，因为一旦连接的会话丢失，就再也找不回之前的状态了。

不幸的是，11 号秘方中所实现的无尽分页就好比这个异类。当页面滚动、不断通过 Ajax 请求新页面时，浏览器地址栏中的 URL 并未改变，但所显示的内容已经与刚加载的时候不一样了。比如说，我们喜欢第 5 页上的某个产品，然后将当前链接通过邮件发送给朋友，他们肯定无法看到我们想展示的产品列表。

在一个完全采用 Ajax 实现的网站上，点击浏览器的后退按钮，往往会跳转到进入此网站之前的网站。用户会因此感到沮丧，然后点击向前按钮，结果却找不到之前的位置了。值得庆幸的是，这些问题都有很好的解决方案。

工具
Ingredients

- jQuery
- Mustache.js[10]
- QEDServer

---

[10] http://github.com/documentcloud/underscore/blob/master/underscore.js

解决方案
Solution

让我们回顾一下 11 号秘方，虽然老的方法可以工作，却无法与他人分享网站的链接。为了网站的顺利发展和用户的良好体验，这时就应使列表页拥有状态。当页面内容改变时，页面 URL 也需要有相应变化。HTML5 规范推出了一个 JavaScript 函数 pushState()，它已经被大部分浏览器所支持，可以在不离开当前页面的情况下改变 URL。这对网页开发者而言是个非常好的消息！这意味着能够开发一个完全的 Ajax 网站，而无需在意传统的请求和加载的生命周期。同时，它还具有以下优点：首先，无需在每次访问下一页的时候重复加载资源，如页眉和页脚，频繁使用的图像、样式表或 JavaScript 文件等；其次，用户能够快速分享 URL，刷新页面，以及保存当前的工作现场；最棒的一点是，后退按钮又可以正常使用了。

使用 pushState() 函数

pushState() 函数的一些细节问题正在逐步被解决。大部分老版本的浏览器并不支持 pushState() 函数，不过可以通过使用 URL 的参数部分来解决。这种方案虽然能够解决问题，但很丑陋，不够漂亮。整个互联网拥有良好的传统，这不仅体现在共享链接或是相互交流，也体现在重新找到几年前的页面，而它可能已经迁移到不同服务器上了（假设原始内容的创建者是网络好公民，设置旧的 URL 返回相应的 301 HTTP 状态码）。使用 URL 参数作为存储重要信息的临时解决方案，可以支持那些过期的链接[11]。既然 URL 参数从未发送给服务器，我们的应用在 pushState() 成为标准之后也将继续重定向访问。

根据以上所说的，让我们看看如何将无尽页面变成有状态的。

参数跟踪

由于不知道用户第一次请求的页面是什么，起始页也需要和当前页一样被跟踪。用户如果直接访问第 3 页，那在之后的访问中也需要取回第 3 页。

---

11 http://danwebb.net/2011/5/28/it-is-about-the-hashbangs

用户如果从第 3 页开始加载了多张页面（如到第 7 页），这些也应被知道。我们需要一种方法来跟踪开始和终止的页面，使用户在强制刷新后不需要再次滚动页面到刷新前的地方。

接下来，需要一种方法从客户端发送起始页和终止页到服务端，最直接的方式就是在 GET 请求下于 URL 中设置参数。如果用户只浏览一张页面，在这张页面被首次加载时，设置 URL 中的参数 page；如果用户浏览了多张页面，则需要设置参数 start_page 和 page，表示浏览页面的范围。因此，对于之前从第 3 页浏览到第 7 页的例子，URL 就应该是"http://localhost:8080/products?start_page=3&page=7"。

这组参数对于重建看到的产品列表已经足够，直接访问以上 URL 就能看到之前的页面。

statefulpagination/stateful_pagination.js
```
function getParameterByName(name) {
  var match = RegExp('[?&]' + name + '=([^&]*)')
    .exec(window.location.search);
  return match && decodeURIComponent(match[1].replace(/\+/g, ' '));
}

var currentPage = 0;
var startPage = 0;

$(function() {
  startPage = parseInt(getParameterByName('start_page'));
  if (isNaN(startPage)) {
    startPage = parseInt(getParameterByName('page'));
  }
  if (isNaN(startPage)) {
    startPage = 1;
  }
  currentPage = startPage - 1;

  if (getParameterByName('page')) {
    endPage = parseInt(getParameterByName('page'));
    for (i = currentPage; i < endPage; i++) {
      getNextPage(true);
    }
  }

  observeScroll();
});
```

这段代码可找出参数 start_page 和 current_page 的取值，然后向服务器请求这些页面。我们使用与前一章大致相同的函数 getNextPage()，稍作修改，使其支持并发请求。与用户滚动页面时需要避免多次重复请求不同，这里我们准确知道哪些页面应该被请求。

与跟踪 currentPage 的值一样，同样需要跟踪 startPage 的值。从 URL 中抓取这一参数，在请求未加载页面的时候加上此参数。这一参数的数值永远不会变化，但我们同样需要确保在每次请求新页面的时候在 URL 中加上它。

更新浏览器 URL

为了更新 URL，编写函数 updateBrowserUrl()，去调用 pushState() 并设置参数 start_page 和 page。注意，并不是所有浏览器都支持 pushState()，因此在调用之前需要检查它是否被定义。对那些浏览器而言，这种解决方案只是无法工作，但不能阻止我们完善我们的网站。

```
statefulpagination/stateful_pagination.js
function updateBrowserUrl() {
if (window.history.pushState == undefined) return;

 var newURL = '?start_page=' + startPage + '&page=' + currentPage;
 window.history.pushState({}, '', newURL);
}
```

pushState() 函数需要三个参数，第一个参数是状态对象，它通常是一个 JSON 对象。当我们滚动页面的时候从服务器获得 JSON，这一参数可以作为可能的信息储存点，不过我们的数据相对比较轻量且易于从服务器获得，这种策略有点杀鸡用牛刀的感觉。目前只需传入一个空的哈希表即可。第二个参数是一个字符串，用于浏览器标题的更新。这个功能还没有得到广泛实现，即使实现了，也完全没有理由更新浏览器的标题。所以再次传入用于填充的参数，这次是一个空字符串。

最后，来看 pushState() 函数中最重要的部分——第三个参数，表示 URL 要做的改变。这一方法非常灵活，不仅适用于绝对路径的更新，还适用于 URL 后面参数的更新。出于安全的考虑，不能改变 URL 的域名，但可以很轻松地改变顶级域名之后的所有东西。

由于我们只考虑 URL 中参数的更新，所以为 `pushState()` 函数第三个参数预计传入的值以 "?" 开始。我们设置了 `start_page` 和 `page` 这两个参数，如果它们已经存在，`pushState()` 也能为我们更新它们。

statefulpagination/stateful_pagination.js
```
function updateContent(response) {
  loadData(response);
  updateBrowserUrl();
}
```

为了使无尽分页拥有状态，在函数 `updateContent()` 中添加对函数 `updateBrowserUrl()` 的调用。添加以后，可以使用后退按钮离开页面，也可以使用前进按钮转到之前的页面，还可以泰然地使用刷新按钮来获得相同的结果。最重要的是，可以与他人分享链接了。多亏了浏览器的开发者，使我们的工作更有成效。

深入研究
Further Exploration

当在页面中添加更多的 JavaScript 和 Ajax 时，我们必须了解接口的行为。使用 HTML 的 `pushState()` 函数和 History API 工具，需要对浏览器中用户已经习惯的常规操作提供支持。一些抽象层可以让这种支持更加容易，比如 `History.js`[12]，能为那些不支持 History API 的老浏览器提供优雅的向下兼容。

在此讨论的方法也能通过 JavaScript 框架来实现，如 `Backbone.js`，这种实现意味着一个更完善的后退按钮，用来支持大部分复杂的单页应用。

另请参考
Also See

- 10 号秘方 使用 Mustache 创建 HTML
- 12 号秘方 带状态的 Ajax
- 14 号秘方 使用 Backbone.js 组织代码

---

12 http://plugins.jquery.com/plugin-tags/pushstate

13号秘方　通过 Knockout.js 使客户端交互更清爽
Snappier Client-Side Interfaces with Knockout.js

问题
Problem

在编写现代网页应用时，经常只更新界面的一部分来响应用户交互，而非刷新整个页面。虽然向服务器发送请求的开销很大，但刷新整个页面会让用户丢失当前的浏览位置。

不幸的是，采用这种方式，JavaScript 代码会变得难于管理。由开始时的几个事件，忽然之间变成数个回调函数更新页面的数个区域，维护变成了一场噩梦。

Knockout 是一个简单而强大的框架，可以绑定对象到界面上，当界面上的一部分改变时，另一部分会自动更新，从而避免了很多嵌套的事件句柄。

工具
Ingredients

- Knockout.js[13]

解决方案
Solution

Knockout.js 使用视图模型，这一模型封装了大部分界面变化相关的视图逻辑，可以将模型的属性绑定到界面的元素上去。

我们希望客户能够在购物车中改变物品数量，并实时更新总价格。针对这一需求，使用 Knockout 的视图模型和数据绑定来构建购物车的更新界面，每个条目一行，留出一个区域给客户更新数量，设计一个按钮从购物车移除条目。当数量发生变化时，每行的价格会进行更新，任何一行发生变化时，总价格也会被更新。完成后的界面如图 17 所示。

---

[13] http://knockoutjs.com

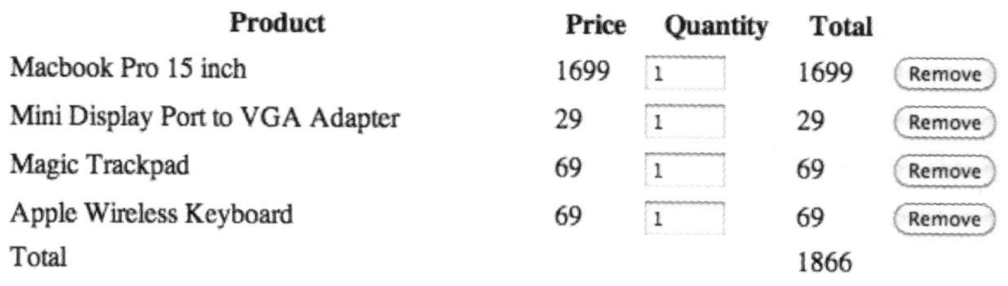

Product	Price	Quantity	Total	
Macbook Pro 15 inch	1699	1	1699	Remove
Mini Display Port to VGA Adapter	29	1	29	Remove
Magic Trackpad	69	1	69	Remove
Apple Wireless Keyboard	69	1	69	Remove
Total			1866	

图 17　购物车界面

Knockout 基础

Knockout 的"视图模型"只是简单常规的 JavaScript 对象，其属性和方法含有一些特殊的关键字。下面是一个简单的人物对象，含有一些关于姓氏和名称的方法。

knockout/binding.html
```
var Person = function(){
  this.firstname = ko.observable("John");
  this.lastname = ko.observable("Smith");
  this.fullname = ko.dependentObservable(function(){
    return(
      this.firstname() + " " + this.lastname()
    );
  }, this);
};

ko.applyBindings( new Person );
```

使用 HTML5 的"`data-`"属性将对象的方法和逻辑绑定到交互界面元素上。

knockout/binding.html
```
<p>First name: <input type="text" data-bind="value: firstname"></p>
<p>Last name: <input type="text" data-bind="value: lastname"></p>
<p>Full name:
  <span aria-live="polite" data-bind="text: fullname"></span>
</p>
```

当更新姓氏或者名字文本框，全名会显示在页面上。由于更新动态发生，所以会给使用屏幕阅读器的盲人用户带来麻烦。为了解决这个问题，使用 `aria-live` 属性给屏幕阅读器一个提示，告知这部分将动态改变。

以上是一个相对简单的例子，下面让我们更深入一点，构建购物车的一行，使得总价会随数量更新而改变。

然后，重构它来完成整个购物车。下面从数据模型开始。

一行条目由一个简单的 JavaScript 对象 `LineItem` 来表示，它拥有 `name` 和 `price` 属性。创建一张新的 HTML 页面，并在`<head>`部分包含 Knockout.js 库。

knockout/item.html
```html
<!DOCTYPE html>
<html>
  <head>
    <title>Update Quantities</title>
    <script type="text/javascript" src="knockout-1.3.0.js"></script>
  </head>

  <body>
  </body>

</html>
```

在页面底部、`<body>`关闭标签之上，添加一个新的`<script>`块，并添加如下代码：

knockout/item.html
```javascript
var LineItem = function(product_name, product_price){
    this.name = product_name;
    this.price = product_price;
};
```

在 JavaScript 中，函数是对象的构造器，所以可以使用一个函数来模拟一个类。在此例中，类的构造器接受 `name` 和 `price` 两个参数来创建新的 `LineItem` 实例。

现在告诉 Knockout 使用 `LineItem` 类作为视图模型，这样它的属性对 HTML 标记是可见的。通过在脚本块中添加如下调用实现。

knockout/item.html
```javascript
var item = new LineItem("Macbook Pro 15", 1699.00);
ko.applyBindings(item);
```

为 Knockout 的 `applyBindings()`方法创建一个新的实例，设置产品名称和价格。暂时先硬编码这些值，稍后会实现得更动态。

对象就位之后，构建接口从对象中取数据。使用 HTML 表格来绘制购物车，使用`<thead>`和`<tbody>`标签提供一点结构。

```
knockout/item.html
<div role="application">
  <table>
    <thead>
      <tr>
        <th>Product</th>
        <th>Price</th>
        <th>Quantity</th>
        <th>Total</th>
      </tr>
    </thead>
    <tbody>
      <tr aria-live="polite">
        <td data-bind="text: name"></td>
        <td data-bind="text: price"></td>
      </tr>
    </tbody>
  </table>
</div>
```

由于表格基于用户的输入更新，在表格的行上使用 `aria-live` 属性，这样屏幕阅读器便知道去看那一行的变化。整个购物车可以被折叠起来，购物车所在的 `<div>` 含有 HTML5-ARIA 属性 `role`，其取值为 `application`，这告诉屏幕阅读器这是一个交互式程序。可以在 HTML5 specification[14] 了解到这些。

要特别注意这两行：

```
knockout/item.html
<td data-bind="text: name"></td>
<td data-bind="text: price"></td>
```

LineItem 实例现在是一个页面上全局可见的对象，其 `name` 和 `price` 属性同样可见。所以，在这两行中，希望通过元素上的 "`text`" 标志从指定的属性中获得取值。

在浏览器上加载页面，可以看到表格开始成形，名称和价格都已填满。

在表格上添加一个文本域，这样用户就可以更新数量。

```
knockout/item.html
<td><input type="text" name="quantity"
    data-bind='value: quantity, valueUpdate: "keyup"'>
</td>
```

---

14 http://www.w3.org/TR/html5-author/wai-aria.html

在 Knockout 中，通过常规的 HTML 元素 text 来引用数据域，但是 HTML 表单元素比如<input>具有 value 属性。在我们的视图模型中，将 value 属性绑定到 quantity 属性。接下来需要进行定义。

quantity 属性不只被用于展示，也被用于设置，当设置数据时，需要事件触发。在我们的类中，使用 Knockout 的 ko.observable() 函数作为 quantity 属性的值。

knockout/item.html
```
this.quantity = ko.observable(1);
```

我们传递一个默认的值给 ko.observable()，这样，当第一次打开页面的时候文本域便拥有赋值了。

现在可以输入数量了，但还需要展示行小计。给表格新增一列以显示小计。

knockout/item.html
```
<td data-bind="text: subtotal "></td>
```

就像 name 和 price 列，设置单元格的文本取值自视图模型的 subtotal 属性。

这引出了一个 Knockout.js 更强大的特性，dependentObservable()方法。定义 quantity 属性为可观察的，这意味着该字段一旦改变，其他属性便会得到通知。我们声明一个 dependentObservable()函数，当被观察字段改变时就会执行代码，这一函数被分配为对象的一个属性，所以可以绑定到用户界面上。

knockout/item.html
```
this.subtotal = ko.dependentObservable(function() {
 return(
   this.price * parseInt("0"+this.quantity(), 10)
 ); //<label id="code.subtotal" />
}, this);
```

但 dependentObservable()如何知道去看哪些字段？实际上，它看着我们定义的可观察的属性，既然我们添加了价格和数量，Knockout 便同时追踪它们，当任何一个变化时就会运行代码。

dependentObservable()函数接受的第二个参数指定了属性的上下文。这是由于 JavaScript 函数和对象如何工作导致的，可以从 Knockout.js 的文档中了解更多。

目前，这是针对单行的。当数量改变，价格实时变化。现在，将在此学到的东西转移到多行商品的购物车上去，购物车含有行小计和一个总计。

使用控制流绑定

绑定对象到 HTML 非常便利，但是在购物车我们很可能有超过一个的条目，复制所有的代码会有点乏味，更别提不只一个 `LineItem` 对象需要绑定时的情况了。我们需要重新考虑一下交互。

创建另一个对象表示购物车，代替 `LineItem` 作为视图模型。这一 Cart 对象包含所有的 `LineItem` 对象。使用我们所知的 `dependentObservables`，这一新的 Cart 对象具有一项特性，就是在任何物品发生变化时计算总计。

但是作为条目行的 HTML 如何呢？可以通过使用控制流绑定减少代码的复制，告诉 Knockout 为购物车中的每一项展示一次上述 HTML。首先，定义一个物品列表，用来填充购物车。

knockout/update_cart.html
```
var products = [
  {name: "Macbook Pro 15 inch", price: 1699.00},
  {name: "Mini Display Port to VGA Adapter", price: 29.00},
  {name: "Magic Trackpad", price: 69.00},
  {name: "Apple Wireless Keyboard", price: 69.00}
];
```

实际情况下，这些数据会在访问页面时从 Web 服务获得、Ajax 调用获得或在服务端生成。

现在，创建包含以上物品的 Cart 对象。这一对象的定义与定义 `LineItem` 的相同。

knockout/update_cart.html
```
var Cart = function(items){
  this.items = ko.observableArray();

  for(var i in items){
    var item = new LineItem(items[i].name, items[i].price);
    this.items.push(item);
  }
}
```

然后需要从使用 `LineItem` 类改变绑定到 Cart 类。

> **Joe 问：**
> **如何看待 Knockout 及其可访问性？**
>
> 严重依赖 JavaScript 的交互，提起可访问性经常亮起红灯，但是单独使用 JavaScript 不会让网站无法访问而瘫痪。
>
> 在这一秘方中，我们使用 HTML5 ARIA 的 roles 和属性来帮助屏幕阅读器理解所开发的应用，但是可访问性不仅仅是指屏幕阅读器，而是关于让应用对于所有可能的用户可用。
>
> Knockout 是一种 JavaScript 方案，只有在 JavaScript 启用或有效的情况下才能工作，这一点值得注意。建议构建一个没有 JavaScript 也能用的应用，而使用 Knockout 来增强应用。在我们的例子中，使用 Knockout 来渲染购物车的内容，但如果采用服务端框架，就可以渲染 HTML，然后使用 Knockout 的绑定特性在 HTML 之上。一个网站的可访问性取决于其实现方案，甚于其所使用的库和技术。

knockout/update_cart.html
```
var cartViewModel = new Cart(products);
ko.applyBindings(cartViewModel);
```

储存在购物车中的条目使用 observableArray() 方法，它与 observable() 类似，但作用于数组。当创建购物车的一个新的实例，传入数据列表。对象迭代器遍历数据项，创建储存于条目队列里的新 LineItem 实例。这一队列是可观察的，当队列内容改变时用户界面也会发生变化。当然，现在需要处理多个条目，我们需要改变这部分的用户界面。

改变 HTML 页面，在 `<tbody>` 标签中使用 Knockout 的 data-bind 告诉 Knockout 重复表格行。

knockout/update_cart.html
```
<tbody data-bind=" "foreach: items">
  <tr aria=live="polite">
    <td data-bind="text: name"></td>
    <td data-bind="text: price"></td>
    <td><input type="text" name="quantity" data-bind='value: quantity'></td>
    <td data-bind="text: subtotal "></td>
  </tr>
</tbody>
```

使用 Knockout 来渲染 `<tbody>` 中条目列表里的每一项，而行中不需要做任何改变。

目前,我们有多行显示的页面,每行有正确的小计。现在让我们来处理总计的计算和条目的删除。

总计

在计算每一条目小计时我们已了解 dependentObervable()方法是如何工作的,可以使用同样的方法给 Cart 本身添加 dependentObservable()方法来计算总计。

knockout/update_cart.html
```
this.total = ko.dependentObervable(function(){
  var total = 0;
  for (item in this.items()){
    total += this.items()[item].subtotal();
  }
  return total;
}, this);
```

任何时候列表中的物品改变时,会执行这段代码 。为了在表单中显示总计,我们简单地添加相应的表格行。由于这是购物车的总计而不针对单独的一行,所以并不在<tbody>内,而是放置在<tfoot>标签内。<tfoot>标签放置于关闭<thead>标签之上,将页眉放在表格主体之上有助于浏览器和辅助设备更快地识别表结构。

knockout/update_cart.html
```
<tfoot>
  <tr>
    <td colspan="4">Total</td>
    <td aria-live="polite" data-bind="text: total()"></td>
  </tr>
</tfoot>
```

刷新页面后,数量改变,小计和总计也同时被更新。接下来,讨论删除按钮。

删除条目

完成整个工程还需要在每一行最后添加删除按钮,用来删除条目。得益于之前的工作,这项任务非常简单。首先,在表格中添加删除按钮。

knockout/update_cart.html
```
<td>
  <button
    data-bind="click: function() { cartViewModel.remove(this) }">Remove
  </button>
</td>
```

> **确保与服务器**
>
> 构建一个在客户端更新屏幕的购物车正变得越来越普遍。某些情况下,不可能强制在每次用户界面改变的时候发送 Ajax 请求。
>
> 当使用这种实现时,客户端上购物车的数据需要与服务器同步。毕竟,你也不希望有人改变你的价格!
>
> 用户提交更改的数量到服务器,而服务器在结算之前需要重新计算总价。

这一次,不是绑定数据到界面,而是绑定事件和函数到界面了。这样,在我们的 `cartViewModel` 实例上传递条目(`this`)给 `remove()` 方法。若该方法未被定义,按钮是无法工作的,下面给 `Cart` 对象加上这一方法:

knockout/update_cart.html
```
this.remove = function(item){ this.items.remove(item); }
```

因为条目列表是一个 `observableArray`,即使是总计发生了变化整个界面也会被更新。

深入研究
Further Exploration

在需要构建动态的单页界面时,Knockout 非常有用。由于其不绑定特定的网页框架,可以在任何地方使用它。

更重要的是,视图模型 Knockout 只使用普通的 JavaScript,这意味着可以使用 Knockout 来完成很多用户界面上的请求。例如,可以非常容易地实现基于 Ajax 的实时搜索,构建内置的编辑控制,将数据传回服务器,或者根据其他某个值的选择来更新下拉框中的内容。

另请参考
Also See

- 14 号秘方　使用 Backbone.js 组织代码

14 号秘方　使用 Backbone.js 组织代码
Organizing Code with Backbone.js

问题
Problem

用户需要更加健壮更加敏锐的客户端应用，作为这一需求的响应，开发者们开发出了惊人的 JavaScript 库。但随着应用程序变得越发复杂，客户端代码显得非常凌乱，各种库散落其间，杂乱无章的事件绑定、jQuery Ajax 调用和 JSON 解析函数堆挤在一起。

如同服务端那样，客户端也需要发展一种架构。通过强大的 JavaScript 框架，能够增强其组织性和减少重复，并在其他开发者能理解的范围内进行标准化。

因为 Backbone 是一个复杂的库，这篇秘方将又长又复杂。

工具
Ingredients

- Backbone.js[15]
- Underscore.js[16]
- JSON2.js[17]
- Mustache[18]
- jQuery
- QEDServer

解决方案
Solution

我们有很多框架来完成这项工作，不过 `Backbone.js` 是最流行的框架之一，这源于它优良的灵活性、健壮性和代码质量，尽管在撰写本文的时候它还相对比较新。我们使用 Backbone 来做事件绑定，类似于在 13 号秘方中使用

---

[15] http://documentcloud.github.com/backbone
[16] http://documentcloud.github.com/underscore/
[17] https://github.com/douglascrockford/JSON-js
[18] http://mustache.github.com/

Knockout 所做的那样。但是使用 Backbone，可以得到与服务器进行交互的模型，可以得到请求路径系统，这一系统可以监控 URL 的变化。使用 Backbone，可以搭建更健壮的框架，能很好地处理更复杂的 CS 结构应用程序，但对于简单的应用可能太重了。

让我们使用 Backbone 来提高线上商店的响应能力。日志数据和用户研究说明刷新花费了太多时间，在服务端做的很多事情其实可以在客户端完成。我们的经理建议开发产品管理界面，将其转为单页界面，可以在上面添加和删除产品而不需要刷新页面。

在创建界面之前，让我们稍微深入了解一下 Backbone 是什么以及如何用它来解决问题。

Backbone 基础

Backbone 是一种 MVC 模式的客户端实现，它深受服务端框架的影响，比如 ASP.NET MVC 和 Ruby on Rails。Backbone 有一些组件，可以帮助我们和服务端代码通讯时保持秩序性。

模型代表数据，可以通过 Ajax 与后端交互。模型也是一个做业务逻辑或者数据验证的好地方。

Backbone 中的视图与其他框架下的视图有所不同。Backbone 的视图更像是"视图控制器"，而不是作为表现层。在一个典型的客户端中有很多事件，这些事件的触发器代码就在视图里，它们可以渲染模板并修改用户界面。

Router 观察 URL 的变化，并将模型和视图连接在一起。在界面上展示不同的页面或选项卡时，可以使用 Router 来处理请求并显示不同的视图。Backbone 还支持浏览器的后退按钮。

最后，介绍一下 Backbone 的集合，它提供了一种简便的方法来获取和使用多个模型实例。图 18 展示了这些组件如何在一起工作以及我们将如何使用它们来创建产品管理界面。

默认情况下，Backbone 的模型使用 jQuery 的 `ajax()` 方法与 JSON 和 RESTful 服务端应用通讯。后端需要能够接受 GET、POST、PUT 和 DELETE 请求，能够读取请求体中的 JSON。当然这些仅仅只是默认方式，Backbone 的文档解释了如何修改客户端代码以支持不同类型的后端。

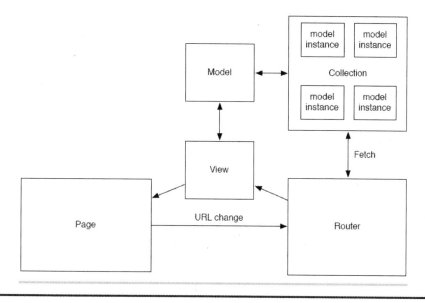

图 18　Backbone 的组件

后端支持 Backbone 的默认行为，所以可以简单地在 Backbone 模型上调用一些方法，Backbone 将无缝地序列化和反序列化产品信息。

如同在"如何看待 Knockout 及其可访问性？"中提到的，最好在已存的网站顶层使用如同 Backbone 这样的框架，以增强用户体验。如果客户端代码构建在一个坚实的基础上，提供没有 JavaScript 的解决方案将更容易。在这一秘方中，假设所创建的界面已经有一个可用的不使用 JavaScript 的替代品。

构建界面

我们将构建一个简单的单页界面，来管理商店里的产品，如图 19 所示。在页面顶部，有一个表单用于添加产品，在其下面，显示产品列表。使用 Backbone 从后端检索或修改产品清单，通过其类 REST 接口：

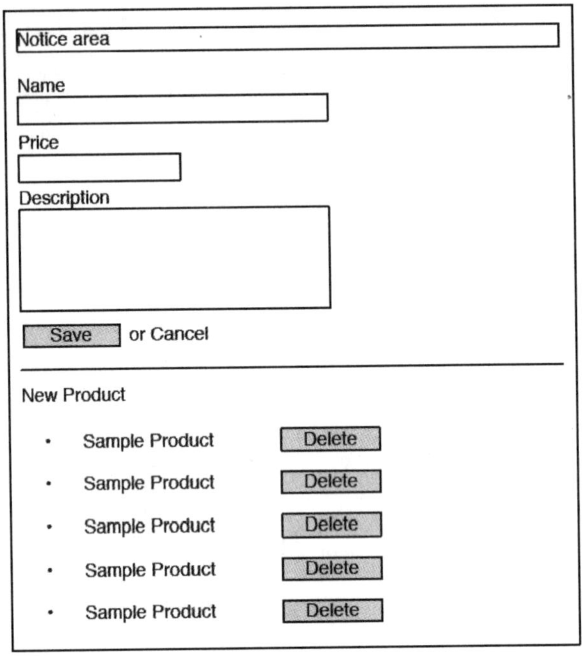

图 19　产品界面

- GET 请求发送到 http://example.com/products.json，以获取产品列表。

- GET 请求发送到/products/1.json，以获取 ID 为 1 的产品的 JSON 表示。

- 将一个产品的 JSON 表示通过 POST() 请求发送到/products.json，创建一个新的产品。

- 将一个产品的 JSON 表示通过 PUT() 请求发送到 http://example.com/products/1.json，更新 ID 为 1 的产品。

- DELETE 请求发送到/products/1.json，删除 ID 为 1 的产品。

因为 Ajax 请求必须在相同的域中完成，我们将使用 QEDServer 用于服务的开发来提供产品管理 API。在工作空间中，所有文件都放置在 QEDServer 创建的 public 文件夹内，由此提供正确的服务。

为构建界面，创建一个模型用于表示产品，创建一个集合用于包含多个产品模型。使用 Router 来处理显示产品列表和新产品表单的请求，此外，还有对应产品列表和产品表单的视图。

首先，创建 lib 文件夹，用于放置 Backbone 库及其依赖库。

```
$ mkdir javascripts
$ mkdir javascripts/lib
```

下一步，从 Backbone.js 的网站[19]获取 Backbone.js 及其组件，本秘方使用 Backbone 0.5.3。Backbone 需要 Underscore.js 库，这个库提供了一些 Backbone 所使用的 JavaScript 函数，可以让我们编写更少的代码。Backbone 还需要 JSON2 库，这个库对解析 JSON 提供了跨浏览器的支持。既然我们已经熟悉了 Mustache 模板，也可以使用它作为我们的模板语言[20]。下载这些文件放置到 javascripts/lib 文件夹内。

最后，在 javascripts 文件夹内创建一个单独的文件 app.js，这个文件包含所有 Backbone 组件和自定义代码。虽然将这些内容分散到多个文件中也许可行，但在页面加载时每个文件都会有额外的服务器访问。

下面创建一个非常简单的 HTML 框架 index.html，编写界面元素，并包含进剩余的文件。首先，声明通常的样板片段，为用户的信息、表单创建空 `<div>`，为产品列表创建空`<ul>`。

backbone/public/index.html
```html
<!DOCTYPE html>
<html>
  <head>
    <title>Product Management</title>
  </head>
  <body role="application">
    <h1>Products</h1>
    <div aria-live="polite" id="notice">
    </div>
    <div aria-live="polite" id="form">
    </div>
    <p><a href="#new">New Product</a></p>
```

---

19 http://documentcloud.github.com/backbone/
20 您可以从本书的源代码中获得所有这些文件以节省时间。

```html
        <ul aria-live="polite" id="list">
        </ul>
    </body>
</html>
```

这些区域无需刷新就能更新,所以添加 HTML ARIA 属性告诉屏幕阅读器如何处理这些事件。[21]

那些区域之下、关闭`<body>`标签之上,我们包含进 jQuery、Backbone 库、其他依赖的库,以及我们的 app.js 文件。

backbone/public/index.html
```html
<script type="text/javascript"
  src="http://ajax.googleapis.com/ajax/libs/jquery/1.7/jquery.min.js">
</script>
<script type="text/javascript"
        src="javascripts/lib/json2.js"></script>
<script type="text/javascript"
        src="javascripts/lib/underscore-min.js"></script>
<script type="text/javascript"
        src="javascripts/lib/backbone-min.js"></script>
<script type="text/javascript"
        src="javascripts/lib/mustache.js"></script>
<script type="text/javascript"
        src="javascripts/app.js"></script>
```

现在开始构建产品列表。

产品列表

我们要从后台 Ajax 获取产品并展示产品列表,这需要一个模型和一个集合。模型表示单个产品,集合表示一组产品。创建或删除产品,可以直接使用模型,但从服务器获取产品列表时,则需要使用集合,并获得一组可用的 Backbone 模型。

首先,创建模型。在 `javascript/app.js` 中定义 Product 如下:

backbone/public/javascripts/app.js
```javascript
var Product = Backbone.Model.extend({
  defaults: {
    name: "",
    description: "",
    price: ""
  },
```

---

21 http://www.w3.org/TR/html5-author/wai-aria.html

```
  url : function() {
    return(this.isNew()?"/products.json":"/products/"+this.id + ".json");
  }
});
```

设置一些默认值防止没有数据的情况,比如创建新实例。接下来,告诉模型应该去哪里取得数据,Backbone 使用 `url()` 方法来指出这点,因此必须被填写。

定义了模型就可以创建集合了,集合将用于包含列表页上的所有产品。

backbone/public/javascripts/app.js
```
var ProductsCollection = Backbone.Collection.extend({
  model: Product,
  url: '/products.json'
});
```

和模型一样,集合也有必须实现的 `url()` 方法,由于我们只对获取所有产品感兴趣,可以硬编码 URL 指向 `/products.json`。

应用中好几个地方会访问此集合,因此创建产品集合的一个实例。我们在 `javascript/app.js` 的最高层创建这一对象。

backbone/public/javascripts/app.js
```
$(function(){
  window.products = new ProductsCollection();
```

将产品集合附加到 window 对象上,能让我们从多个视图访问产品集合。

模型和集合定义完毕,可以将注意力转移到视图了。

列表模板和视图

Backbone 视图封装了所有响应事件更改界面的逻辑。我们将使用两个视图来呈现产品列表,创建第一个表示单个产品的视图,此视图可以渲染 Mustache 模板并处理产品相关的任何事件。第二个视图将遍历产品集合,为每个产品渲染出第一个视图,并放置在页面上。这种方式对每个组件有更细粒度的控制。

首先,创建一个简单的 Mustache 模板,Backbone 视图将使用它来遍历整个产品集合。在 index.html 页面中添加这一模板,置于 `<script>` 标签之上。

backbone/public/index.html
```html
<script type="text/html" id="product_template">
  <li>
    <h3>
      {{name}} - {{price}}
      <button class="delete">Delete</button>
    </h3>
    <p>{{description}}</p>
  </li>
</script>
```

显示产品名称、价格、描述，以及用于删除产品的按钮。

接下来，创建一个新的视图 ProductView，这一视图扩展 Backbone 的视图类并定义了一些关键部分：

backbone/public/javascripts/app.js
```javascript
ProductView = Backbone.View.extend({
  template: $("#product_template"),
  initialize: function(){
    this.render();
  },
  render: function(){
  }
});
```

首先，使用 jQuery 通过 ID 从 index 页面完成 Mustache 模板。通过这种方式，每次渲染产品时不用持续从页面上加载模板。

然后定义函数 initialize()，创建 ListView 的新实例时触发，并同时触发视图的 render() 函数。

每个视图有一个默认的 render() 函数，但需要重写来做一些实际的事情。我们用它来渲染 Mustache 模板，而模板从 template 变量获得。因为存储于 template 变量中的对象是一个 jQuery 对象，所以通过 html() 方法获得对象的模板内容。

backbone/public/javascripts/app.js
```javascript
render: function(){
  var html = Mustache.to_html(this.template.html(), this.model.toJSON());
  $(this.el).html(html);
  return this;
}
```

通过这种方法来引用 this.model，它包含了希望列出的产品。创建新的视图实例时，指定一个模型或者一个集合给视图，就可以很容易地通过视图的方法引用到模型或者集合，而不需要将其分发出去，就像我们对 Mustache 模板所做的那样。我们对模型调用 `toJSON()`，并将值传递给模板，所以对模板而言，模型的数据很容易获得。

`render()`方法将 Mustache 模板渲染后的 HTML 放入属性为"el"的视图，并返回`ProductView`实例。调用这一方法后，返回的结果将添加到页面。

为了做到这一点，创建视图 ListView，这一视图和视图 ProductView 几乎有相同的结构，但是并不渲染自 Mustache 模板，而是遍历产品集合后对每一个产品渲染其 ProductView。

backbone/public/javascripts/app.js
```javascript
ListView = Backbone.View.extend({
  el: $("#list"),

  initialize: function() {
    this.render();
  },

  renderProduct: function(product){
    var productView = new ProductView({model: product});
    this.el.append(productView.render().el);
  },

  render: function() {
    if(this.collection.length > 0) {
      this.collection.each(this.renderProduct, this);
    } else {
      $("#notice").html("There are no products to display.");
    }
  }
});
```

我们需要用产品列表更新页面上 `list` 区域的内容，在属性为"el"处存储了对此区域的引用。这使我们能够便利地从 `render()`方法访问它，类似于在 ProductView 中引用 Mustache 模板那样。

Backbone 使用 `Underscore.js` 提供一些有用的函数使得处理集合非常容易。在 `render()`方法中，使用 `each()`函数遍历集合并调用 `renderProduct` 方法。`each()`函数会自动地遍历产品，我们传入 `this` 作为第二个参数指定 view 作为 `renderProduct()`的范围。

若非如此，each()方法会在集合中寻找 renderProduct()函数，这样就不能正常工作。

到目前为止，我们已经声明了一个模型、一个集合、一对视图，添加了模板，但我们仍然无法展示。在浏览器中加载页面，需要将所有东西结合在一起，即通过 Router 来完成。

使用 Router 处理 URL 更改

加载页面时，将会触发一些代码从 Ajax API 获取产品集合。然后需要将此产品集合传给 ListView 的新实例，通过这样的方式显示产品列表。Backbone 的 Router 让我们能够执行函数响应 URL 的更改。

创建一个名为 ProductsRouter 的新 Router。在这个文件中，我们继承了 Backbone 的 Router，并定义了 URL 斜杠后面部分到函数的映射。为了处理没有斜杠符号的 URL，定义了由空到 index()函数的映射。当加载页面 index.html 时，默认的映射被调用。

```
backbone/public/javascripts/app.js
ProductsRouter = Backbone.Router.extend({
    routes: {
    "": "index"
    },
    index: function() {
    }
});
```

在 index()函数内，调用产品集合的 fetch()方法从服务器获取数据。

```
backbone/public/javascripts/app.js
index: function() {
 window.products.fetch({
   success: function(){
     new ListView({ collection: window.products });
   },
   error: function(){
     $("#notice").html("Could not load the products.");
   }
 });
}
```

`fetch()`方法有`success`和`error`两种回调。当从后端得到一个错误时，我们在页面上的`notice`区域给用户显示一条通知。当后端返回集合数据时，`success()`回调函数被触发，创建一个新的视图实例。借助`initialize()`方法中的代码，列表视图是自动呈现的，我们只需创建一个新的Router实例就能让一切启动起来。

在`javascripts/app.js`中`window.productCollection`的定义下面，我们创建了Router实例。然后需要告诉Backbone开始追踪URL的变化。

```
backbone/public/javascripts/app.js
window.products = new ProductsCollection();
// START_HIGHLIGHTING
$.ajaxSetup({ cache: false });
window.router = new ProductsRouter();
Backbone.history.start();
// END_HIGHLIGHTING
```

"`Backbone.history.start();`"这一行使得Backbone开始观测URL的变化。如果没有此行，Router便无法工作，也不会有任何事情发生。

下一行用于防止一些浏览器缓存从服务器获得Ajax响应。

`$.ajaxSetup({ cache: false });`

访问http://localhost:8080/index.html便可看到产品列表。

综上所述，我们有一个Router观测URL并触发方法，使用集合从服务器获取所需的模型。这个集合随后被传给一个视图，这个视图渲染模板后输出到用户界面。图20所示为交互图，其步骤和代码看似琐碎、无关紧要，但是却为我们节省了大量时间。我们已经了解了增加、更新、删除产品等功能的基础，也已经清楚了各功能代码所在的位置。下面进一步增加创建产品这一功能。

创建新产品

创建新产品时，用户点击"新产品"链接，添加一个表单到页面上。用户填写表单后，将表单数据提交给后端，然后重新显示列表。

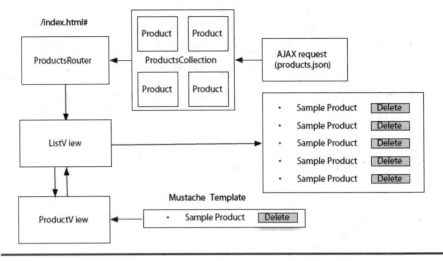

图 20　使用 Backbone 列出产品

首先，在 index.html 页面中为表单添加一个 Mustache 模板，位于产品模板之下、导入库的 `<script>` 标签之上。

```html
<script type="text/html" id="product_form_template">
  <form>
    <div class="row">
      <label>Name<br>
        <input id="product_name" type="text" name="name"
               value="{{name}}">
      </label>
    </div>
    <div class="row">
      <label>Description<br>
        <textarea id="product_description"
                  name="description">{{description}}</textarea>
      </label>
    </div>
    <div class="row">
      <label>Price<br>
        <input id="product_price" type="text" name="price"
               value="{{price}}">
      </label>
    </div>
    <button>Save</button>
  </form>
  <p><a id="cancel" href="#">Cancel</a></p>
</script>
```

Mustache 模板标签将从模型中获得取值填入表单区域内。这就是为什么 Backbone 模型中设置默认值的原因。我们也可以在之后编辑记录时重用这些模板。

现在需要一个视图来展示这个模板。与为列表所创建的视图相似，在 javascripts/app.js 中创建一个新视图 FormView，这一次，给页面中的 form 区域设置 el 变量，我们有 render() 函数获取表单模板，渲染后放入此区域。

backbone/public/javascripts/app.js
```
FormView = Backbone.View.extend({
  el: $("#form"),
  template: $("#product_form_template"),
  initialize: function(){
    this.render();
  },
  render: function(){
    var html = Mustache.to_html(this.template.html(), this.model.toJSON() );
    this.el.html(html);
  }
});
```

当用户点击"新产品"链接时，我们希望这个视图来渲染页面上的表单。点击链接会给 URL 添加"#new"而改变 URL，可以使用 Router 来响应这种变化。首先，需要改变 Router 部分，添加对于"#new"的 Router，这是点击"新产品"链接触发的。

backbone/public/javascripts/app.js
```
routes: {
  "new": "newProduct",
  "": "index"
},
```

然后，需要定义一个函数，抓取新模型，并传递给 FormView 创建新实例，使视图在页面上呈现。我们将这个方法放在 index() 方法之上，这些方法的声明实际上是被定义成了对象的属性，因此需要确保声明之间有逗号相隔。

backbone/public/javascripts/app.js
```
newProduct: function() {
  new FormView( {model: new Product()});
},
```

当加载页面并点击"新产品"链接，将显示表单。使用 Backbone 的历史追踪功能，可以使用浏览器上的后退按钮，同时 URL 会发生改变。

到目前为止，还不能保存新记录，下一步就来添加逻辑功能。

视图中的事件响应

我们使用 Router 来显示表单，但是 Router 只响应 URL 的改变。而我们需要的是响应保存按钮和取消按钮的点击事件，这些将在表单视图中完成。

首先，为视图定义事件，这段代码被添加到我们的视图中，位于 `initialize()` 函数之上。

backbone/public/javascripts/app.js
```
events: {
  "click .delete": "destroy"
},
events: {
  "click #cancel": "close",
  "submit form": "save"
},
```

这里的语法有一点不同于典型的 JavaScript 事件监控，键值对中的键以 CSS 选择器的方式指定了所监控的事件和对象，键值对中的值指定了所要调用的函数。在本例子中，我们监控取消按钮上的点击事件和表单的提交事件。

"关闭"链接的代码很简单——从视图中将相应 HTML 元素移出即可。

backbone/public/javascripts/app.js
```
close: function(){
  this.el.unbind();
  this.el.empty();
},
```

`save()` 方法有一点复杂。首先要防止表单提交，接着抓取每一个字段的取值，将这些值放入新的数组，然后设置模型的属性并调用模型的 `save()` 方法。

backbone/public/javascripts/app.js
```
save: function(e){
  e.preventDefault();
  data = {
    name: $("#product_name").val(),
    description: $("#product_description").val(),
    price: $("#product_price").val()
  };
  var self = this;
```

```
      this.model.save(data, {
        success: function(model, resp) {
          $("#notice").html("Product saved.");
          window.products.add(self.model);
          window.router.navigate("#");
          self.close();
        },
        error: function(model, resp){
          $("#notice").html("Errors prevented the product from being created.");
        }
      });
    },
```

如同我们在集合上使用 `fetch()` 方法那样，分别定义成功和出错的行为，`save()` 方法也期望我们能够这样使用。因为这些回调函数有不同的范围，我们创建一个称为 self 的临时变量，指定当前范围，所以在成功的回调函数中，我们也能引用到相同的范围。不同于在渲染产品列表时使用的 `each()` 方法，Backbone 不支持传递范围给回调函数。[22]

保存成功后，添加新的模型到集合中去，同时使用 Router 改变 URL。此时并没有实际调用相关的函数，我们也不会看到新产品在列表里。不过，使用 Backbone 的事件绑定可以很容易地修复这一问题。

当给集合中添加模型时，可以看到，集合会触发一个添加事件。还记得列表视图中的 `renderProduct()` 方法吗？在任何时候添加一个模型到集合中去，可以通过执行这一方法获得列表视图。我们要做的就是添加以下这行到 `ListView` 的 `initialize()` 方法中：

backbone/public/javascripts/app.js
```
this.collection.bind("add", this.renderProduct, this);
```

`bind()` 方法通过指定事件、函数和范围让我们绑定特殊的事件。我们传递 `this` 作为第三个参数来指定视图作为范围，而不是集合，在列表视图的 `render()` 方法中我们也这么处理过。

由于添加新纪录时重用了 `renderProduct()`，新纪录会被添加到列表的底部。如果希望它出现在列表的顶部，可以使用一个新的 `addProduct()` 函数，在函数内可以使用 jQuery 的 `prepend()` 方法，不过我们将把这个留给读者自己去尝试。

---

22 至少在写此文的时候还没有。

现在，我们可以创建产品、查看产品列表、在同一页面更新所有内容而不需要刷新，现在让我们将注意力转到产品的删除，此时将会发现前期那些工作的代码组织是值得的。

删除产品

要删除一个产品，使用之前从 FormView 学到的东西，在 ProductView 中实现 `destroy()` 函数，这一函数在删除按钮按下的时候会被调用。

首先，定义点击事件在 `class` 为 `delete` 的按钮上。

backbone/public/javascripts/app.js
```
events: {
 "click .delete": "destroy"
 },
events: {
    "click #cancel": "close",
    "submit form": "save",
},
```

然后定义 `destroy()` 方法供事件调用。在绑定此视图的模型中调用 `destroy()` 方法，采用与之前类似的成功和出错回调策略。如同在表单视图中完成保存一样，使用 `self` 绕过范围问题。

backbone/public/javascripts/app.js
```
destroy: function(){
 var self = this;
 this.model.destroy({
    success: function(){
      self.remove();
    },
    error: function(){
      $("#notice").html("There was a problem deleting the product.");
    }
  });
},
```

模型成功地从服务器上被删除之后，"成功"回调函数被触发，调用这一视图的 `remove()` 方法，使此记录从屏幕上消失。如果发生错误，则在屏幕上显示一条消息。

就这样，我们完成了一个简单但组织良好的原型，值得继续演进。

深入研究
Further Exploration

这个应用是一个好的开端，但还有值得探索的地方。

第一，我们可以使用 jQuery 来更新 `notice`，比如：`$("#notice").html("Product saved.");`

创建一个封装后的函数，将函数和标记之间去耦，其他 Backbone 视图和 Mustache 模板也可能显示这条信息。

当记录被保存时，使用 jQuery 选择器显式地从表单中取值。还可以使用表单上的 `onchange` 事件来将数据放进模型。

我们创建了对增加记录和删除记录的支持，但还可以更进一步，添加编辑记录的支持。可以使用 router 来显示表单，甚至重用创建产品时所用的表单视图。

Backbone 提供了一个很好的系统来处理后端数据，不过这仅仅是一个开始。你并不需要在 Ajax 后端上使用 Backbone，而只需简单地使用它，将数据储存在 HTML5 的客户端存储机制中。

对于要求更健壮性的服务端应用，Backbone 支持 HTML5 的 `History pushState()`，这意味着我们可以使用真实的 URL 来代替基于散列的 URL 形式。我们也可以设计一套完美的备用方案，当 JavaScript 不可用的时候，从服务端获取页面；而 JaveScript 可用时，使用 Backbone。

在众多选择和完美支持 Ajax 后端的方案中，Backbone 是一个难以置信灵活的框架，在客户端环境需要组织结构的情况下能很好地工作。

另请参考
Also See

- 10 号秘方　使用 Mustache 创建 HTML
- 13 号秘方　通过 Knockout.js 组织代码

第 3 章

数据处理

Data Recipes

网页开发者要与各种格式的数据打交道。有时要从别的服务器上请求数据，有时又要从用户那里获取数据。本章的秘方将介绍如何使用、操作和呈现数据。

15 号秘方 嵌入一幅 Google 地图
Adding an Inline Google Map

问题
Problem

用户通常希望通过一些简洁的方式定位其目的地，同时简单易得地获取这些信息。然而，对于具体线路而言，最简便的方式就是瞅一眼地图，记住路线，然后出发。如果网站上能提供地图，就会给用户直观感受：目的地位置在哪里，该如何去往那里。

工具
Ingredients

- Google 地图 API

解决方案
Solution

使用 Google 地图 API，就可在自己的应用程序里调用功能强大的 Google 地图。我们可提供静态式和交互式地图。静态地图是一幅图片，可以将它插入到网页中，而交互式地图允许缩放和漫游操作。Google 地图 API 支持任何一种能向 Google 服务器发出请求的编程语言，并提供大量包含 JavaScript 示例的支持文档。[1]

利用 API 可完成某一用户需要在完整的应用程序中才能完成的任务。地图绘制完成后，JavaScript API 允许在地图上添加其他元素。我们可以放置标记，并将这些标记与鼠标事件绑定,可以在地图上创建能够直接显示相关信息的弹出式对话框,可以在地图上展示街道景观，定位，创建路径和方向，以及绘制自定义模型。

---

[1] https://developers.google.com/maps/documentation/

自从 Google 推出太空计划并超越了美国宇航局[2]，获取地球上的空间信息已成易事，天空才构成了真正意义上的界限。

我们与当地一所大学合作，在其官网上发布地图，为新生提供服务。校招生办希望通过地图让新生直观地了解学校的环境。使用 Google 地图 JavaScript API 可以创建一幅包含标记和信息的交互式地图。

让我们从创建一个基本的 HTML 页面开始吧。将<DOCTYPE>声明为 Google 推荐的 HTML5。但如果你的应用程序不支持<DOCTYPE html>，也可以不作声明。

googlemaps/map_example.html
```html
<!DOCTYPE html>
<html lang="en">
  <head>
    <meta charset="utf-8">
    <title>Freshman Landing Page</title>
    <style>
    </style>
    <script type="text/javascript">
    </script>
  </head>
  <body>
  </body>
</html>
```

然后，在页面中添加 Google 地图 JavaScript API。为了完成这一步，需要确定我们的应用程序是否正在使用传感器定位用户。这已超出本教程的范畴，此处将它设置为 false。

googlemaps/map_example.html
```html
<script type="text/javascript"
  src="http://maps.google.com/maps/api/js?sensor=false">
</script>
```

API 需要一个<div>作为地图容器，因此将<div>添加到页面中。

googlemaps/map_example.html
```html
<div id="map_canvas"></div>
```

---

2 http://www.google.com/space

将地图缩放，以适应该容器。采用 CSS 将`<div>`添加到页面`<head>`区域的`<style>`部分，并设置其大小。如下所示：

googlemaps/map_example.html
```css
#map_canvas {
  width: 600px;
  height: 400px;
}
```

该容器已做好准备加载一幅 600 像素 x400 像素的地图。现在开始获取数据吧。

利用 JavaScript 加载地图

在`<head>`区域的底部，加载一个`<script>`块，并在此添加关于初始化地图的代码。创建 `loadMap()` 函数，在加载浏览器窗口时，根据经纬度坐标在此窗口中加载地图。如果已使用 jQuery 等框架，则可以通过 DOM-ready 事件所触发的调用来加载地图，此处以通用的 JavaScript 为例。

googlemaps/map_example.html
```javascript
window.onload = loadMap;
```

下一步，创建 `loadMap()` 函数。因为我们未使用传感器，所以对经纬度坐标进行硬编码。这些坐标定义了地图的中心点。我们有两种方法找到这些坐标值。一是在 Google 地图上找到我们想居中的位置，右键单击图钉，并选择"这儿是什么？"，搜索框上将显示经纬度坐标值。二是可以使用 Google 地图经纬度弹出窗口（Lat/Long Popup）来实现。[3]

该应用程序允许单击某个位置来查找值。

googlemaps/map_example.html
```javascript
function loadMap() {
  var latLong = new google.maps.LatLng(44.798609, -91.504912);

  var mapOptions = {
    zoom: 15,
    mapTypeId: google.maps.MapTypeId.ROADMAP,
    center: latLong
  };

  var map = new google.maps.Map(document.getElementById("map_canvas"),
      mapOptions);
}
```

---

3 http://www.gorissen.info/Pierre/maps/googleMapLocationv3.php

在这个函数中,我们为地图创建一个多选项的对象,并对地图的类型、缩放值等进行定义。缩放值的确定需经多次测试,其值越大,缩放级别越大。对于道路级别的地图来说,值为 15 比较合适。

设置不同的 mapTypeId 可以改变地图的显示。值得注意的是,最大缩放值会随地图类型的改变而改变。你可以在 Google 地图 API 文档中找到关于地图类型的参考信息。[4]

最后,创建地图。地图构造函数要求传递的 DOM 元素能够承载地图和相关选项的对象。当浏览器加载此页面时(见图 21),我们需要的位置会在地图上居中显示。

创建标记点

为了更具指引性,我们将在地图上创建标记。标记层是 Google 地图中众多图层中的一种。该图层响应单击事件,因此当单击标记时,显示信息窗口。

在地图上创建标记就如同调用构造函数和传递选项那么简单。

googlemaps/map_example.html
```
mogiesLatLong = new google.maps.LatLng(44.802293, -91.509376);
var marker = new google.maps.Marker({
  position: mogiesLatLong,
  map: map,
  title: "Mogies Pub"
});
```

为了定义标记,我们传递的信息包括经纬度坐标值、地图标记,以及鼠标光标置于标记上方时出现的标题。

下一步,创建单击标记时所出现的信息窗口。此时,需调用构造函数。

googlemaps/map_example.html
```
var mogiesDescription = "<h4>Mogies Pub</h4>" +
  "<p>Excellent local restaurant with top of the line burgers and sandwiches.</p>";
var infoPopup = new google.maps.InfoWindow({
  content: mogiesDescription
});
```

---

4 http://code.google.com/apis/maps/documentation/javascript/reference.html#MapTypeId

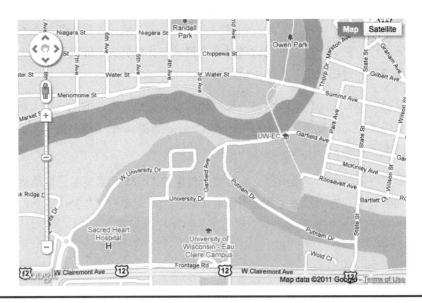

图 21　初始化地图

最后，对标记添加事件处理程序。利用 Google 地图事件对象，添加一个侦听器来打开信息窗口。

```
googlemaps/map_example.html
google.maps.event.addListener(marker, "click", function() {
  infoPopup.open(map,marker);
});
```

单击标记时会弹出一个关于位置信息的信息窗口，如图 22 所示。

可以在该窗口中添加任何 HTML 内容，信息量不受限制。至此，我们可以收集其他感兴趣的点坐标，并创建其余部分。

深入研究
Further Exploration

我们只是利用了 Google 地图 API 的皮毛。顺着使用标记的思路，Google 地图 API 能开发更多交互式图层，让用户体验更多更实用的地图功能，如创建方向、地图路径，使用地理定位，甚至添加街景。同时还提供了一定数量的实用例子。[5]

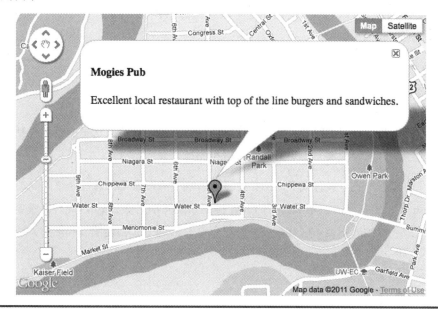

图 22　单击后的标记

Google 地图只是 Google API 的一个组件，Google API 的完整列表可参考 Google API 和产品主页。[6]

另请参考
Also See

- 17 号秘方　建立一张简单的联系人表单
- 18 号秘方　利用 JSONP 访问跨网站数据
- 19 号秘方　创建 Widget 嵌入其他站点

5　http://code.google.com/apis/maps/documentation/javascript/reference.htm
6　http://code.google.com/more/table

16 号秘方　使用 Highcharts 创建图表和图形
Creating Charts and Graphs with Highcharts

问题 Problem

有句英语古话说得好："一幅图胜过千言万语"，自然，这里的图也包括图表。图形、图表能够呈现更具意义和吸引力的信息。

创建图表的方式有很多，比如在服务器端生成图像，再通过系统的 Adobe Flash 展示出来。由于苹果公司的 iOS 操作系统并不支持 Flash，同时又希望不通过服务器生成图像，因此需要一种更行之有效的方式创建图表和图形。

工具 Ingredients

- jQuery
- Highcharts[7]
- QEDServer

解决方案 Solution

借助 Highcharts JavaScript 库可创建兼具可读性和交互性的图表和图形。Highcharts 可跨平台，因此在客户端计算机上运行 Highcharts 时无需配置服务端。Highcharts 提供的接口具有良好的交互性和定制能力，因此能以多种方式呈现数据。本秘方将首先创建并定制一张简单的图表，然后利用远程数据创建一张复杂的图表。

销售团队为公司购物网站开发了一个加盟项目，在加盟商界面能以图表、图形的方式展现他们的相关数据。我们可利用 Highcharts 实现此功能，先在网页上创建一个简单的图表。

---

7 http://www.highcharts.com/

建立简单的饼状图

通过建立一张简单的饼状图来认识 Highcharts 及其功能。首先，创建 HTML 文档，加载必要的 JavaScript 文件，如 `highcharts.js`（可从 Highcharts 官网获取）和 jQuery 库（Highcharts 依赖于此库）。说明一点，此书的其他部分使用的是 jQuery 1.7 版本，但 Highcharts 要用 jQuery 1.6.2 版本。

highcharts/example_chart.html
```html
<script type="text/javascript"
  src="/jquery.js">
</script>
<script type="text/javascript" src="/highcharts.js"></script>
```

加载 Highcharts 后，再来建立图表。Highcharts 需要`<div>`标签装载图表。因此，在`<body>`标签对中创建`<div>`标签对。在`<div>`标签内设置 id，这样就能通过 JavaScript 代码引用了。如下所示：

highcharts/example_chart.html
```html
<body>
  <div id="pie-chart"></div>
</body>
```

通过创建 `Highcharts.Chart` 类的新实例和参数传递，完成图表的创建。Highcharts 为配置图表提供了很多属性，但这种配置很快就会变得冗长烦琐。为了简便起见，创建一个名为 `chartOptions` 的变量，同时对其中的属性赋值。

highcharts/example_chart.html
```javascript
$(function() {
  var chartOptions = {};

  chartOptions.chart = {
    renderTo: "pie-chart"
  };
  chartOptions.title = {text: "A sample pie chart"};
  chartOptions.series = [{
    type: "pie",
    name: "Sample chart",
    data: [
    ["Section 1", 30],
    ["Section 2", 50],
    ["Section 3", 20]
    ]
  }];
  var chart = new Highcharts.Chart(chartOptions);
});
```

上述代码中，设置的第一个属性 chart，包含了与图表有关的信息，将已创建的 `<div>` 中的 id 值进行了传递。第二个属性 title 设置了图表的标题。第三个属性 series 是一个数组，包含绘制每类图表的对象。Highcharts 允许叠加任意数量的对象。每一个对象定义了它的图表类型、名称，以及数据集。数据类型随着图表类型的变化而变化。对于饼状图来说，该数据是一个由 X，Y 数据对组成的二维数组。

几行代码便完成了如图 23 所示简单饼状图的创建。接下来，我们再稍稍深入一步探索 Highcharts 的其他功能属性。

自定义图表外观

Highcharts 支持饼状图、线状图、面状图和散点图，借助图形类型的可扩展性，还可以创建更多图形。

回顾之前提到的 chartOptions 变量，可以定义其属性 plotOptions，该属性包含一系列图形描绘设置的对象。下面，我们对先前的饼状图定义部分选项。

可以通过 chartOptions 对象的 series 属性对所有图表统一设置选项，也可以对每一图表类型单独设置选项。下面，我们来改变饼状图上的标签信息。

highcharts/example_chart.html
```javascript
var pieChartOptions = {
  dataLabels: {
    style: {
      fontSize: 20
    },
    connectorWidth: 3,
    formatter: function() {
      var label = this.point.name + " : " + this.percentage + "%";
      return label;
    }
  }
};

chartOptions.plotOptions = {
  pie: pieChartOptions
};
```

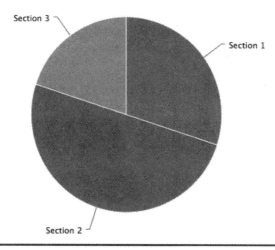

图 23　简单饼状图

　　首先，增大字号使字体变大。然后，增加引导线的宽度使之与字体大小相匹配。最后，创建一个函数，返回定义好的标签。默认的标签只显示名称，在此我们让标签同时也显示百分比值。完成之后的图如图 24 所示。

　　plotOptions 属性拥有众多选项，详细内容可参考 Highcharts 帮助文档中的 plotOptions 属性。[8]

　　知道了如何创建和配置一张简单图表，现在我们利用 Highcharts 来展示我们的加盟数据吧。

为加盟数据集建模

　　我们的加盟计划跟踪大量数据。数据集最好的展示方式是借助不同类型的图形。为了探讨另一种类型的图形，我们将为客户数据建模。客户数据包括客户的姓名、住址及年龄。这些信息对分析客户类型、提出某些产品营销的假设大有帮助。

8　http://www.highcharts.com/ref/#plotOptions

我们的任务就是要把这些客户的原始数据转换成图形样式，便于市场人员在得到确切数据前就能进行快速分析。

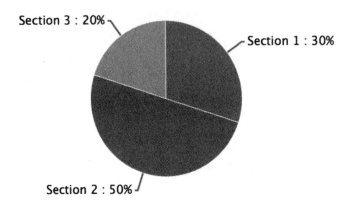

图 24　完成后的饼状图

只需扫一眼数据，便可获知顾客的年龄层次。借助条形图，易于得到客户年龄的均值和频率值。创建的条形图如图 25 所示。

我们从建立一个加载 jQuery 和 Highcharts 的 HTML 文档入手。由于要用到 JSON 数据和 Ajax 请求，因此，请将此 HTML 文档存放在 QEDServer 的公共安装路径下。

```html
<!DOCTYPE html>
<html lang="en">
<head>
  <meta charset="utf-8">
  <title>Affiliate Customer Data</title>
  <script type="text/javascript"
    src="/jquery.js">
  </script>
  <script type="text/javascript" src="/highcharts.js"></script>
</head>
```

```
<body>
  <div id="customer-data"></div>
</body>

</html>
```

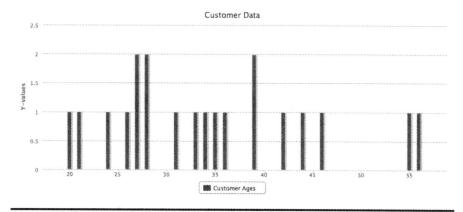

图 25　客户数据条形图

在 HTML 文档中建立<script>标签，并创建 Highcharts.Chart 类的新实例。设置一些简单的选项，如图表的标题 title 和页面目标元素。

highcharts/affiliates.html
```
var options = {
  chart: {
    renderTo: "customer-data"
  },
  title: {
    text: "Customer Data"
  },
  credits: {
    enabled: false
  }
};
```

建好文档后，开始处理客户数据。

展示客户数据

通常情况下，客户数据是要从后端系统中调用的。但此节内容只是功能展示，所以我们使用已经准备好的数据，你可以从本书的网站下载相应的源代码。

需要注意的是，由于网页浏览器存在安全性限制，因此不能从远程服务器上直接将正规的 JSON 数据复制到本地，而 index.html 页面和数据文件需要在同一 Web 服务器上托管。因此，在 QEDServer 的公共文件夹里，将此数据文件存放在名为 sample_data 的文件夹中。这样，QEDServer 就能从 http://localhost:8080/sample_data/customer_data.json 中为示范数据提供服务，页面也能够正常使用示范数据。

为了在条形图上展示年龄数据，需要确定每一个年龄所对应的具体人数。现在，我们手头只有一张年龄列表。我们需要利用撰写 JavaScript 脚本语言提取年龄并统计每一个年龄出现的频率。接着，发送请求给服务器，获取客户数据，后续处理工作都在回调函数中进行，而这个回调函数是在 Ajax 请求返回数据时被调用的。

highcharts/affiliates.html
```
$.getJSON('/sample_data/customer_data.json', function(data) {

  var ages = [];

  $.each(data.customers, function(i, customer) {
    if (typeof ages[customer.age] === "undefined") {
      ages[customer.age] = 1;
    } else {
      ages[customer.age] += 1;
    }
  });

  var age_data = [];

  $.each(ages, function(i, e) {
    if (typeof e !== "undefined") {
      age_data.push([i, e]);
    }
  });
});
```

在这里，利用数组存储中间数据。年龄数组 ages 使用变量 ages 作为索引，存储每一年龄出现的总次数。然后，将数组中的年龄映射到 Highcharts 所需的二维数组中。现在，我们的数据已经有了正确的格式，接下来，我们来绘制图表。

highcharts/affiliates.html
```
options.series = [{
  type: "column",
  name: "Customer Ages",
  data: age_data
}];

var chart = new Highcharts.Chart(options);
```

这样，最终的图表便绘制好了。通过图表可以很容易得到哪个年龄出现的人数最多。

深入研究
Further Exploration

Highcharts 是一个功能强大的 JavsScript 库。在本秘方中，我们创建了简单图表和复杂图表，但这仅仅只是利用了很少一部分的可用选项。Highcharts 帮助文档[9]是我们学习 Highcharts 强大功能的最好途径。我们推荐您阅读 Highcharts 帮助文档，然后考虑哪些选项能运用到未来的实际项目中。同时，这份帮助文档还提供了一个示范程序链接。该示范程序基于 JSFiddle.net[10]开发，并提供了绝大多数的可用选项。

另请参考
Also See

- 18 号秘方　利用 JSONP 访问跨网站数据
- 15 号秘方　嵌入一幅 Google 地图
- 9 号秘方　使用快捷键与网页进行交互
- 23 号秘方　移动设备上的拖放

9　http://highcharts.com/ref
10　A JavaScript-sharing site: http://jsfiddle.net

17 号秘方　创建简单的联系人表单
Building a Simple Contact Form

问题
Problem

网站，包括大多数静态网站，都需要一种和网站管理员保持联系的方式。单纯在网页上提供一个电子邮件地址是一种很被动的方式，并不适用于所有场合。同时，也增大了网站管理员对来自页面的消息进行排序和组织的难度。

工具
Ingredients

- 运行 PHP 的服务器

解决方案
Solution

联系人表单能极大地减少访问者发送邮件的流程，使其更愿意给我们发送邮件。我们可以通过创建 HTML 表单来处理数据录入，通过编写脚本来管理邮件发送，同时反馈邮件是否发送成功。

当前的网站并没有提供任何联系的方式，这可能会使我们错失潜在的商机。因此需要实现一个邮件发送的简单功能。

服务器端编程语言种类繁多，但 PHP 脚本语言最切合目前的需求。PHP 语法简单，开发过程并不繁琐，易于用脚本处理来自联系人表单的数据。除此之外，还有许多 PHP 的共享宿主解决方案，易于安装到服务器上。对于只是实现简单后端功能来说，PHP 是一个很方便的工具。

创建联系人表单，需要同时创建 HTML 文档和 PHP 组件。使用 HTML 建立表单、请求数据，然后使用 PHP 处理数据、发送邮件。同时，我们也会添加诸如错误信息反馈的界面元素。我们会在虚拟机上测试此表单。如果您未安装虚拟机，请参考 37 号秘方来创建自己的 PHP 开发服务器。

创建 HTML 文档

下面，在 HTML 文档上创建表单。表单需要用户提供四大元素：姓名、电子邮件地址、主题及消息。其中，电子邮件地址是必填项。同时，为主题设置默认值。既然已经清楚需要搜集哪些信息，那我们就创建 contant.php 文件和表单吧。

```
contact/contact.php
<form id="contact-form" action="contact.php" method="post">

 <label for="name">Name</label>
 <input class="full-width" type="text" name="name">

 <label for="email">Your Email</label>
 <input class="full-width" type="text" name="email">

 <label for="subject">Subject</label>
 <input class="full-width" type="text" name="subject"
         value="Web Consulting Inquiry">

 <label for="body">Body</label>
 <textarea class="full-width" name="body"></textarea>

 <input type="submit" name="send" value="Send">

</form>
```

表单的 action 指向自身，并使用 post 方法。这便允许我们能够在一个页面上编写脚本，以联系人表单的形式发送邮件。在页面上添加发送邮件时所需要的填写项和一个提交按钮。此时，表单只是文字与内容框的简单组合，还需要设置标签和输入项的风格。

```
contact/contact.php
body {
  font-size: 12px;
  font-family: Verdana;
}

#contact-form {
  width: 320px;
}

#contact-form label {
  display: block;
  margin: 10px 0px;
}

#contact-form input, #contact-form textarea {
  padding: 4px;
}
```

```css
#contact-form .full-width {
  width: 100%;
}

#contact-form textarea {
  height: 100px;
}
```

为了便于阅读表单内容，我们改变字体的属性，加入适当的衬距和边距，同时移动表单上的填写项。这时，表单变得更易于阅读和使用，如图 26 所示。现在，可以开始创建表单功能，编写后端代码了。

发送电子邮件

由 PHP 处理页面，我们希望获得所有 POST 请求并发送邮件。要发布的页面已设置完毕，接下来只需在此页面的上端添加 PHP 代码。如果点击了提交按钮，则需要从 `$_POST` 变量获取数据，验证该数据，同时通过 PHP 的 `mail()` 函数发送数据。所有预处理代码都将在 `<html>` 标签上方的 PHP 代码块中编写。

contact/contact.php
```php
<?php
if (isset($_POST["send"])) {
}
?>
```

只有点击发送按钮，才能执行预处理。我们在 `$_POST` 数组中对 HTML 页面上按钮的名称属性进行检查。现在，获取用户输入的数据。可以使用相同的 `$_POST` 数组获取数据，更方便的做法是通过变量对数据进行存储。

contact/contact.php
```php
$name = $_POST["name"];
$email = $_POST["email"];
$subject = $_POST["subject"];
$body = $_POST["body"];
```

现在，所有变量都已被赋值，接下来需要确认用户正在发送的邮件是否真实。我们将电子邮件与正则表达式进行比对，检查其有效性。如果用户的电子邮件地址错误，将告知用户。

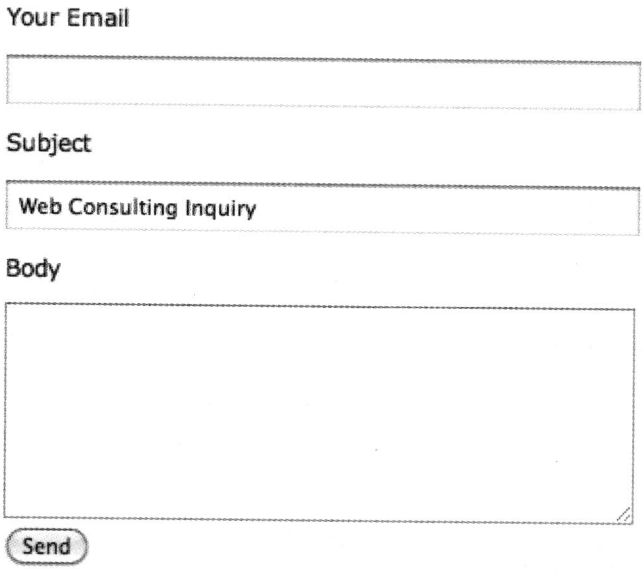

图 26　带风格的表单

```
contact/contact.php
$errors = array();
$email_matcher = "/^[_a-z0-9-]+(\.[_a-z0-9-]+)*" .
"@" .
"[a-z0-9-]+" .
"(\.[a-z0-9-]+)*(\.[a-z]{2,3})$/";

if (preg_match($email_matcher, $email) == 0) {
  array_push($errors, "You did not enter a valid email address");
}
```

我们在数组中存储了所有表单错误，随后检查表单，对发现的每一处错误进行消息输出。在此定义$errors数组，这样就能适用于整个 HTML 页面。

发送邮件时调用 PHP 的 mail() 函数。该函数接收一系列参数，如电子邮件的地址、主题、信息，以及所有需要发送的邮件标题。设置一系列变量存储基于已有数据的组件，并调用 mail() 函数。

```
contact/contact.php
if (count($errors) == 0) {
  $to = "joe@awesomeco.com"; // your email
  $subject = "[Generated from awesomeco.com] " . $subject;

  $from = $name . " <" . $email . ">";
  $headers = "From: " . $from;

  if (!mail($to, $subject, $body, $headers)) {
    array_push($errors, "Mail failed to send.");
  }
}
```

调用 mail() 函数时,需要确保发送过程无错误。如果电子邮件发送成功,函数返回 true 值,并以此值作为标志。在 $errors 数组中保存一个新的字符串,用来告知用户哪些地方发生了错误。对于电子邮件的功能部分,则通过测试来确保它们能够正常实现。

对联系人表单进行测试

进行联系人表单测试,需要在开发服务器上创建一个启用 PHP 的文件夹。本秘方使用运行在网络上的虚拟机,其 IP 地址为 http://192.168.1.100。如果您未安装开发所需的虚拟机,则需参考 37 号秘方安装虚拟机,然后进行测试。

通过运行的开发服务器,发送一份我们所使用的文件副本,可以使用 scp 命令或者 SFTP 程序(如 FileZilla)发送此文件。

```
$ scp contact.php webdev@192.168.1.100:/var/www/
```

打开 http://192.168.1.100/contact.php,在每一项中输入数据,并点击发送。检查您所接收到的邮件是否如图 27 所示。

显示表单错误

在 PHP 代码中,已经验证了用户输入的电子邮件地址的真实性。但是,如果输入了无效地址,却没有任何即时的反馈。为解决这个问题,就需要回到 HTML 文档呈现错误。

```
contact/contact.php
<?php if (count($errors) > 0) : ?>
  <h3>There were errors that prevented the email from sending</h3>

  <ul class="errors">
    <?php foreach($errors as $error) : ?>
```

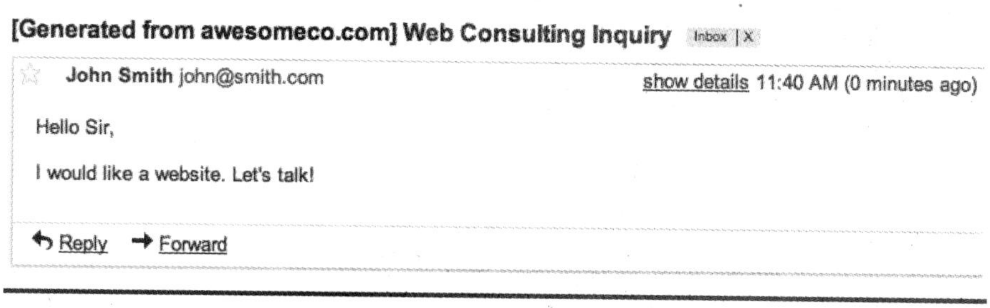

[Generated from awesomeco.com] Web Consulting Inquiry Inbox | X

John Smith john@smith.com   show details 11:40 AM (0 minutes ago)

Hello Sir,

I would like a website. Let's talk!

↰ Reply   → Forward

图 27   发送了的邮件

```
    <li><?php echo $error; ?></li>
  <?php endforeach; ?>
 </ul>
<?php endif; ?>
```

在表单的顶部，要确保`$errors`数组不为空。如果`$errors`数组包含任何信息，就需要循环访问数组并显示消息。既可使用`if`块的语法，也可使用`for`块的语法。这便允许我们编写通用的HTML，而不是使用纠缠于单引号和双引号的`echo`语句。使用此代码，能够得到可以自定义样式的错误列表。将标题和列表项显示为红色，这样就能更显眼些。

contact/contact.php
```
.errors h3, .errors li {
  color: #FF0000;
}
.errors li {
  margin: 5px 0px;
}
```

合适的错误提示能够改善用户体验。但是，联系人表单存在一处严重不足。每次表单上提示错误后，用户之前输入的信息就会全部丢失。因为之前的数据都已存储在变量中，所以很容易还原。需要为每一个`<input>`字段添加`value`属性，并在`<textarea>`中输入内容。新的表单字段更改成如下样子：

```
<label for="name">Name</label>
<input class="full-width" type="text" name="name"
       value="<?php echo $name; ?>" />

<label for="email">Your Email</label>
<input class="full-width" type="text" name="email"
       value="<?php echo $email; ?>" />
```

```html
<label for="subject">Subject</label>
<input class="full-width" type="text" name="subject"
 value="<?php echo isset($subject) ?
   $subject : 'Web Consulting Inquiry'; ?>" />

<label for="body">Body</label>
<textarea class="full-width" name="body"><?php echo $body; ?></textarea>
```

至此，关于表单错误部分的用户体验便完成了。这时，若用户输入错误数据，表单既能保留输入的数据，也能提示错误反馈信息。图 28 给出了用户输入无效邮件地址时的错误反馈。

完成了联系人表单后，我们便能收到更多的用户来信，提升业务水平。

深入研究
Further Exploration

联系人表单只是用 PHP 脚本完成的一个实例。借助此概念同时借助网络咨询公司的创意，我们也可以建立一个帮助用户寻找到服务报价的表单。以跨平台的方式改善表单的可用性是个不错的主意。HTML5 规范定义了一些额外输入类型，如电子邮件类型，它还支持 iOS、Android 和其他各类移动平台的触摸式键盘输入。想要了解更多有关 HTML5 规范的新功能，请参考 HTML5 and CSS3: Develop with Tomorrow's Standards Today [Hog10]。

另请参考
Also See

- 19 号秘方　创建 Widget 嵌入其他网站
- 27 号秘方　使用 Jekyl 创建简单博客
- 37 号秘方　安装虚拟机
- 36 号秘方　使用 Dropbox 管理静态站点
- 42 号秘方　借助 Jammit 和 Rake 自动部署静态站点

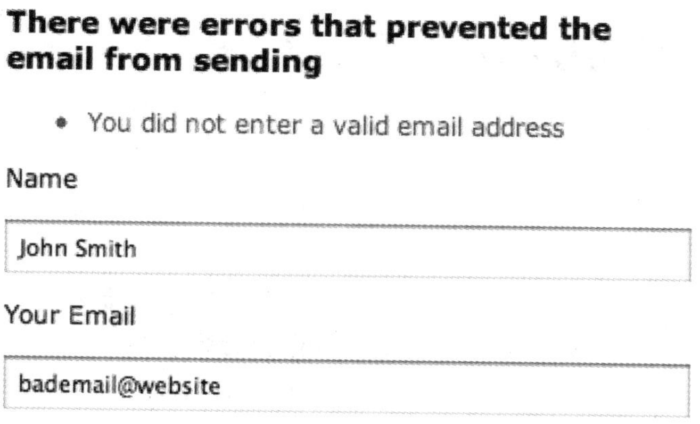

There were errors that prevented the email from sending

- You did not enter a valid email address

Name

John Smith

Your Email

bademail@website

图 28　显示表单错误

18 号秘方　利用 JSONP 访问跨网站数据
Accessing Cross-site Data with JSONP

问题
Problem

由于网络服务器自身的局限以及我们希望在用户的浏览器端进行数据加载，而此时又无法使用服务器端语言来实现，这就导致我们要求从另一域的站点中访问数据。由于同源策略[11]，使得客户端编程语言（如 JavaScript）无法访问不同域中的网页，所以，使用常规的外部网站 API 调用并不是一个合适的选择。

工具
Ingredients

- jQuery
- A remote server returning JSONP
- Flickr API Key[12]

解决方案
Solution

可以使用 JSONP 加载来自其他域的远程服务器数据。JSONP 也称带 Padding 的 JSON，返回 JSON 格式的数据，但包装在一个函数调用中。当浏览器从远程服务器上加载脚本时，以传入的 JSON 数据作为变量，在函数存在于文档的情况下，浏览器尝试运行此函数。我们需要编写这个函数，并让它处理 JSON。这样，我们便能够使用远程站点的数据了。

使用 Flickr API 加载 12 张最有趣的照片。一些 API 用来设置加载服务器上的页面时包裹内容的函数名称，但 Flickr API 返回的数据包裹于 `jsonFlickrApi()` 调用中。只要从 Flickr 上加载数据，就需要在我们的页面上编写此函数。

我们从 `<body>` 标签内没有任何内容的空白页面开始。所有最终显示的信息都将被动态加载到页面上。

---

11 https://developer.mozilla.org/en/Same_origin_policy_for_JavaScript
12 http://www.flickr.com/services/api/keys/

首先创建函数以加载来自 Flickr 的照片。loadPhotos() 设置 API 钥匙、Flickr 方法，以及从 Flickr 上返回的照片数量。关于其他可用的 Flickr 方法，请参考 API 文档。[13]

jsonp/index.html
```
function loadPhotos(){
  var apiKey = '98956b44cd9ee04132c7f3595b2fa59e';
  var flickrMethod = 'flickr.interestingness.getList';
  var photoCount = '12';
  var extras = 'url_s';
  $.ajax({
    url:'http://www.flickr.com/services/rest/?method='+flickrMethod+
      '&format=json&api_key='+apiKey+
      '&extras='+extras+
      '&per_page='+photoCount,
    dataType: "jsonp"
  });
}
```

我们定义了一些变量，这样更改从 Flickr 上得到的请求响应也会变得更容易，而不需要通过搜索 URL。同时，在请求中添加了一项额外属性 url_s，这样，返回的数据就会含有照片小版本的 URL。随后，jQuery 的 ajax() 函数会调用 Flickr。对 jsonp 设置 dataType，这样，jQuery 便知道这是一个跨域请求。

现在，创建一个函数，用来加载从 Flickr 的 API 返回的数据。该数据包含多项内容，其中包括如果获取更多的照片那么有多少其他页面是可用的。但这里只使用我们请求的 12 张照片。

jsonp/flickr_response.html
```
jsonFlickrApi({
  "photos": {
    "page": 1,
    "pages": 250,
    "perpage": 2,
    "total": 500,
    "photo": [
      {
        "id": "5889925003",
        "owner": "12386438@N04",
        "secret": "51c74e7c3e",
        "server": "6034",
        "farm": 7,
```

---

[13] http://www.flickr.com/services/api/

```
            "title": "",
            "ispublic": 1,
            "isfriend": 0,
            "isfamily": 0,
            "url_s": "http:\/\/farm7.static.flickr.com\/1\/image_m.jpg",
            "height_s": "160",
            "width_s": "240"
        },
        ...
        ]
    },
"stat": "ok"
})
```

从 Flickr 获得的数据中包括存储在数组中的照片，即调用 photos，因此，需要循环访问每一项，建立<img>标签，并将照片加载到页面上。

jsonp/index.html
```
function jsonFlickrApi(data){
  $.each(data.photos.photo, function(i,photo){
    var imageTag = $('<img>');
    imageTag.attr('src', photo.url_s);
    $('body').append(imageTag);
  });
}
```

通过调用$.each(data.photos.photo, function(i,photo){...}来遍历照片数组。在内部循环中，对每一张照片创建<img>标签，并设置它的src属性定位到用 extras 变量存储 url_sr 的请求照片的 URL。现在<img>部分已经创建完毕，并追加到了页面的主体部分。此刻，我们便拥有了保存 12 张最有趣图片的图库。

处理好这些，当 DOM 就绪时，调用 loadPhotos()，就能得到满是照片的网页了。

jsonp/index.html
```
$(function(){
  loadPhotos();
});
```

JSONP 为我们提供了一种无需使用服务器端语言就能从外部站点加载动态内容的方式。这种方式使得在网页上加载内容变得简单易行。

深入研究
Further Exploration

如果我们依赖于某一外部站点提供功能，并且它们通过 JSONP 能够获取系统当前的状态，那么我们该怎么办？我们可以规律地刷新当前状态（如每隔 60 秒），并在需要更新时即时更新页面。

由于这一切是在客户端进行，所以我们不用担心是否会给服务器增添额外负担，但有些用户不希望这样。为了避免不必要的请求，可以在页面上添加一个复选框，勾选复选框时，启动定时器和更新器。

另请参见
Also See

- 19 号秘方　创建 widget 嵌入到其他站点
- 14 号秘方　利用 Backbone.js 组织代码

19 号秘方　创建 Widget 嵌入其他站点
Creating a Widget to Embed on Other Sites

问题
Problem

Widget 是 HTML、JavaScript 和 CSS 三者的组合，允许网站所有者将代码嵌入自身网站，从而呈现来自于其他网站的内容。从网站的一般信息到有关用户活动的定制信息，widget 拓展了网站的范围，并允许用户分享网站信息。这是个简单的概念，但开发 widget 会碰到几件并不熟悉的事情，比如确保我们的 JavaScript 不会与用户站点已有的 JavaScript 冲突，以及从远程站点下载数据等。正确封装代码将确保所引入的功能不会覆盖现有的代码或其他 widget，因为这种覆盖有可能会导致页面出现异常。

工具
Ingredients

- jQuery
- JSONP

解决方案
Solution

Widget 由一小块一小块代码组成，用户可将代码添加到自己的网页中，通过网页从其他站点加载内容。借助 JavaScript 和 CSS，可以从自己的服务器上加载内容，并插入到网页中，因此所有用户必须要做的一件事情是通过服务器加载 JavaScript 文件。另外，由于实际代码都不是在服务器端完成，所以可以适度调整，添加可用的新功能。

我们将创建一个 widget，让用户从 Rails 存储库[14]中的官方 Ruby 上添加提交的日志到自己的站点。使用 JavaScript 创建匿名函数，以避免与网页已有的 JavaScript 发生冲突。然后检查 jQuery 是否已加载，这样我们便能使用它的快

---

14 https://github.com/rails/rails

19号秘方　创建Widget嵌入其他站点

捷方式和助手方法。如果 jQuery 未加载或者版本不符，则将加载副本。然后，借助 JSONP 通过加载远程数据来执行和创建真正的 widget，这样，便可借助 JavaScript 通过远程服务器来访问数据。毫无疑问，这些数据来自另一个域。借助 JavaScript 完成内容的加载之后，创建 HTML 文档，并将内容插入到页面，如图 29 所示。

添加 widget 的方式很简单，只需在站点上添加两行代码：一是 JavaScript 的链接，二是所加载内容的`<div>`容器。

widget/index.html
```html
<!DOCTYPE html>
<html>
  <head>
    <title>Widget Examples</title>
  </head>
  <body>
    <div style="width:350px; float:left;">
      <h2>AwesomeCo</h2>
      <p>
        Lorem ipsum dolor sit amet, consectetuer adipiscing elit, sed diam
        nonummy nibh euismod tincidunt ut laoreet dolore magna aliquam erat
        volutpat. Ut wisi enim ad minim veniam, quis nostrud exerci tation
        ullamcorper suscipit lobortis nisl ut aliquip ex ea commodo consequat.
        Duis autem vel eum iriure dolor in hendrerit in vulputate velit esse
        molestie consequat, vel illum dolore eu feugiat nulla facilisis at
        vero eros et accumsan et iusto odio dignissim qui blandit present
        luptatum zzril delenit augue duis dolore te feugait nulla facilisi.
      </p>
    </div>
    <script src="widget.js"></script>
    <div id="widget"></div>
  </body>
</html>
```

首先，创建匿名函数，避免代码与已有的代码发生冲突。将此代码与其他 JavaScript 代码隔开是一种常见且重要的做法。给用户站点添加代码时，要确保这些代码不会影响到已有代码的运行情况，同时也要确保已有的代码不会破坏 widget。一旦页面上加载了脚本，此函数将自动运行，随后 widget 也会被载入。

```
(function() {...})();
```

图 29 简单页面的 widget

因为接下去要使用 jQuery，所以需要再次确认它仅仅在 widget 作用域内运行，同时也要再次确认此处的 widget 确实和其他客户端代码隔离开了。

widget/widget.js
```
var jQuery;
if (window.jQuery === undefined || window.jQuery.fn.jquery !== '1.7') {
    var jquery_script = document.createElement('script');
    jquery_script.setAttribute("src",
        "http://ajax.googleapis.com/ajax/libs/jquery/1.7/jquery.min.js");
    jquery_script.setAttribute("type","text/javascript");
    jquery_script.onload = loadjQuery; //除了IE,其他浏览器均加载
    jquery_script.onreadystatechange = function () { //加载IE
        if (this.readyState == 'complete' || this.readyState == 'loaded') {
            loadjQuery();
        }
    };
    //将jQuery插入页面头部或者插入documentElement
    (document.getElementsByTagName("head")[0] ||
      document.documentElement).appendChild(jquery_script);
} else {
    //使用窗体中的这个jQuery版本
    jQuery = window.jQuery;
    widget();
}
```

```javascript
function loadjQuery() {
  //将jQuery加载到noConflict模式下,避免与其他库产生问题
  jQuery = window.jQuery.noConflict(true);
  widget();
}
```

加载 jQuery 时,将它赋值给一个变量,该变量使用 `var` 且在我们的函数作用域内。通过使用 `var` 为全部变量赋值后,再次确认这些变量在我们的函数作用域内,且不会影响到已有的代码。如果已加载正确的 jQuery 版本,则使用现有的库;否则,创建脚本标签,并将其插入到文档中。同时,当我们加载 jQuery 本地实例来避免与其他 jQuery 发生冲突或者避免与其他库(如使用`$()`作为顶级函数名的 Prototype)发生冲突时,我们也要调用 jQuery 的 `noConflict()`方法。

得到 jQuery 后,就可以使用 JSONP 加载 widget 的数据,并将其插入页面。我们使用 GitHub API 为 Rails 加载最新的提交信息。

widget/widget.js
```javascript
function widget() {
  jQuery(document).ready(function($) {
    //加载数据
    var account = 'rails';
    var project = 'rails';
    var branch = 'master';

    $.ajax({
      url: 'http://github.com/api/v2/json/commits/list/'+
        account+
        '/'+project+
        '/'+branch,
      dataType: "jsonp",
      success: function(data){
        $.each(data.commits, function(i,commit){
          var commit_div = document.createElement('div');
          commit_div.setAttribute("class", "commit");
          commit_div.setAttribute("id","commit_"+commit.id);
          $('#widget').append(commit_div);
          $('#commit_'+commit.id).append("<h3>"+
            new Date(commit.committed_date)+
            "</h3><p>"+commit.message+"</p>"+
            "<p>By "+commit.committer.login+"</p>");
        });
      }
    });
```

```
    var css = $("<link>", {
      rel: "stylesheet",
      type: "text/css",
      href: "widget.css"
    });
    css.appendTo('head');
  });
}
```

在 `widget()` 中，首先使用 JSONP 加载数据，并做好显示的准备。使用 jQuery 的 `ajax()` 函数来请求数据，然后使用 success 调用为每一次提交（包括提交的日期、作者和消息）创建新的 `<div>`。将每一个 `<div>` 追加到 `<script>` 标签旁边的 `#widget<div>` 标签。

数据加载完成后，创建 HTML 文档并在 widget 中显示数据，并将数据插入到 `<stript>` 标签旁边的 `<div>` 标签。同时，加载一个样式表，并将其应用到 widget。

widget/widget.css
```
#widget {
  width:230px;
  display:block;
  font-size: 12px;
  height: 370px;
  overflow-y: scroll;
}

.commit {
  background-color: #95B4D9;
  width:200px;
}

.commit h3 {
  display:block;
  background-color: #7DA7D9;
}
```

加载的样式表为元素设置高度和宽度，并将 y 值溢出属性置为滚动。这样，就不用担心因加载海量数据而导致页面中的 widget 显示不下的情况。

现在我们有一段简单的代码，任何想要从我们的网站上加载信息的网站都可以使用此段代码。不论是适合特定账户的信息，还是关于我们网站的普通新闻，widget 都能够轻松扩展内容的范围，并增加用户与网站的潜在交互。

深入研究
Further Exploration

当嵌入 widget 的页面加载时，widget 只能加载一次内容，但它不会特地为用户或者他们的账户提供任何信息。如果我们希望 widget 加载的信息能指向特定的用户，这样，远程的服务器可以返回更多与之相关的数据，那我们应该怎么做呢？可以通过一个在 <script> 标签 URL 中的变量，动态地在服务器端产生 JavaScript。您也可以针对每一位用户的内容采用不同的 JavaScript 文件。

Widget 能够提供更多的交互功能，而不仅仅是从 JSON 或者 XML 上显示内容。您可以使用 jQuery 创建 widget，在多条记录中通过单击查看，而不是像示例中那样滑动滚动条来实现。您可以在加载页面时加载此数据，或者每当请求一条新记录时向远程的服务器发送请求，还可以让 widget 每 60 秒自动刷新一次。

您可以创建一个交互式 widget，在我们的用户网站上向访问者请求数据，而不论是通过电子邮件还是直接在网站上提交信息。

Widget 可以提供多种可能性。只要用户想要分享他们的信息或者您希望用户易于通过网站收集数据，那么最好的方法就是为他们提供 widget。

另请参考
Also See

- 18 号秘方　利用 JSONP 访问跨网站数据
- 29 号秘方　以 CoffeeScript 的清理 JavaScript

20 号秘方　使用 JavaScript 和 CouchDB 建立带状态的网站
Building a Status Site with JavaScript and CouchDB

问题
Problem

数据库驱动型的应用可能会有点复杂。典型的数据库驱动型应用通常由 HTML、JavaScript、SQL 查询、服务器端编程语言，以及数据库服务器等组成。开发人员需要清楚了解每一部分，并让它们协同工作。我们需要一项既简单又兼容已有开发技术的方案，同时还能提供应用所需的灵活性以适应需求的变化。

工具
Ingredients

- CouchDB[15]
- Cloudant.com 账号[16]
- CouchApp[17]
- jQuery
- Mustache[18]

解决方案
Solution

CouchDB 是一款结合文档型数据库和网络服务器的功能强大的小型软件。我们可以只使用 HTML 和 JavaScript 建立数据库驱动型的应用，并将其上传到 CouchDB 服务器上，这样该服务器便能直接为终端用户提供服务。我们甚至可以使用 JavaScript 查询数据，而 CouchDB 就正好满足了我们这样的需求。

尽管尽了最大努力，但我们最近仍然经历一些服务器所产生的网络问题。与最终用户交流宕机时间以便避免无法令人满意的支持调用，这一点非常重要。我

---

[15] http://couchdb.apache.org/
[16] http://cloudant.com
[17] http://couchapp.org
[18] http://mustache.github.com/

们将使用CouchDB开发和创建一个简单的网站，能够对网络问题发出警告。

由于我们可能会遇到网络问题，因此我们将在孤立的网络中建立带状态的网站。因此，我们使用Cloudant服务，而不是直接部署CouchDB服务器。Cloudant是CouchDB的宿主提供商，能够提供给我们测试所需的免费的CouchDB实例。

为了加快进程，我们使用CouchApp，它是一个为CouchDB建立和部署HTML和JavaScript应用的框架。CouchApp提供了多种创建工程以及将文件存入CouchDB数据库的工具。但首先，我们来了解一下CouchDB的工作原理。

理解CouchDB

CouchDB是一个文档型数据库。它不并是在"表"中存储"行"，而是在"集合"中存储"文档"。这与MySQL、Oracle之类的关系型数据库并不一样。关系型数据库使用关系模型，数据被分为许多实体和相关事物，从而减少数据的复制。然后，通过查询，将所需要的数据罗列在一起。在关系模型中，个人和地址信息可能存储在不同的表中。这是一种良好可信的解决方案，但并不一定适合所有场合。

在文档型数据库中，我们更关心将数据作为文档进行存储，这样就能在以后进行重用，而且我们并不关心文档之间是如何关联的。有人喜欢拿关系型数据库和文档型数据库进行对比，你会发现这两种类型的数据库适用于完全不同的需求，换句话说，它们两者是一种互补的关系。

对于状态更新系统，每一个状态更新都将是一个CouchDB文档，我们将创建一个显示这些文档的简单界面。首先定义数据库和状态文件。

创建数据库

使用Cloudant提供的网络界面来创建新的数据库。首次登录Cloudant账户时，会提示要求创建首个数据库。我们将调用一系列数据库状态。

同时也可以使用Cloudant界面来创建一系列状态文档。一旦选中数据库，就能在数据库中看到文档列表。"新文档"按钮提供了一个简单界面来加载状态消息。

文档是由JSON数据表达的键和值的集合。每一个状态通知都需要标题和描述，因此JSON表达如下所示：

> ### 借助 cURL 使用 CouchDB
>
> 因为 CouchDB 使用了 RESTful JSON API，因此可以不通过 GUI 工具，而是用命令行来创建数据库、更新文档，以及进行查询。我们可以使用 cURL 即 HTTP 请求的命令行工具来做到这一点。cURL 的应用程序可用于大多数操作系统，OS X 或 Linux 系统已经预先安装好 cURL 了。
>
> 例如，我们并不通过 GUI 创建状态数据库，而是使用 cURL 发送 PUT 请求：
>
> ```
> curl -X PUT http://awesomeco:****@awesomeco.cloudant.com/statuses
> ```
>
> 同时我们按如下方式添加数据：
>
> ```
> curl -X POST http://awesomeco:****@awesomeco.cloudant.com/statuses \
> -H "Content-Type: application/json" \
> -d '{"title":"Unplanned Downtime","description":"Someone tripped
>  over the cord."}'
> ```
>
> -H 标志设置了内容类型，-d 标志传递一个数据字符串并将其发送。
>
> 我们可以花费尽可能少的时间，通过 cURL 借助 web 控制台来安装和设置数据库。我们甚至可以编写个小脚本，这样就能重复使用了。

```
{
  "title": "Unplanned Downtime",
  "description": "Someone tripped over the power cord!"
}
```

既可以使用向导将每一字段添加到文档中，也可以选择查看源代码按钮将 JSON 直接插入。同时，还可以使用 cURL，这点已经在"借助 cURL 使用 CouchDB"中提到过。

我们使用 GUI 来添加一系列文档以呈现相关内容。首先，新建文档，并设置其标题和状态信息的描述。保留 _id 字段为空，利用 Cloudant 向导新建文档，如图 30 所示。

数据库中也存储了一些数据。现在，我们来建立一个界面显示数据吧。

创建简单的 CouchApp

CouchApp 是开发使用 CouchDB 的一系列应用。CouchApp 命令行应用为我们提供了创建和管理这些应用的工具。借助 CouchApp，我们甚至可以直接将文件存入移除数据库中。

图 30　利用 Cloudant 向导新建文档

CouchApp 是用 Python 编写的，但基于 Windows 和 OS X 的版本无需事先安装 Python。访问安装页面，获取适用于本机的安装包进行安装。[19]

安装 CouchApp 后，可以通过 shell 创建首个应用：

```
$ couchapp generate app statuses
```

这样，一个名为 `statuses` 的文件夹便创建好了，文件夹中包含一个新的 CouchApp。同时，此 app 中包含若干个子文件夹，分别有各自的用途。

`_attachment` 文件夹里包含了用 HTML 和 JavaScript 代码编写的界面。当我们把 CouchApp 放到 CouchDB 服务器上，这个文件夹中的内容就会作为设计文档自动上传。

`views` 文件夹存储 CouchDB "视图"，即文档的不同表达。例如，一个文档可能包含 30 个字段，但通过"视图"只显示特定的两三个字段。"视图"是各种数据库类型中非常常见的功能，甚至在关系型数据库中也非常常见。

然后，通过命令行，将此 app 存入 CouchDB 数据库：

```
$ couchapp push statuses \
http://awesomeco:****@awesomeco.cloudant.com/statuses

2011-07-20 14:24:28 [INFO] Visit your CouchApp here:
http://awesomeco.cloudant.com/statuses/_design/statuses/index.html
```

---

19 http://couchapp.org/page/installing

我们将包含所有 app 的 `statuses` 文件夹存入到 statuses 数据库中，作为"设计文档"。在网址 http://awesomeco.cloudant.com/statuses/_design/statuses/index.html 中可以查看 app，尽管它们只是简单地呈现一个"欢迎"页面。既然已经知道如何将文件存入服务器，让我们建立实际的状态应用吧。

创建视图来查询日期

我们在 CouchDB 中使用视图来优化我们想返回的结果，而不是直接查询文档。当访问一个视图时，CouchDB 会执行定义好的 JavaScript 函数来减少结果，并将结果存入数据结构中。

Couchapp 命令能够创建视图文件。因为我们希望显示状态消息，所以我们创建一个消息视图，如下所示：

```
$ couchapp generate view statuses messages
```

这样，便创建了一个名为 `views/messages` 的文件夹，它包含 `map.js` 和 `reduce.js` 两个文件。`map.js` 文件正是我们指定的想要显示的字段。

每个状态消息都有标题和描述，也包含一个唯一标识符和修订版本号。对于状态页面，我们只需要标题和描述，因此将 `map.js` 改为：

couchapps/statuses/views/messages/map.js
```
function(doc) {
▶   emit( "messages", {
▶     title: doc.title,
▶     description: doc.description
▶   } )
}
```

文件 `reduce.js` 可用于简化或概括正在构建的查询结果。此处不需要这样做，所以将 `reduce.js` 直接删除。

可以将应用存放到 Cloudant 的远程 CouchDB 实例中去，这样我们便能检验视图效果：

```
$ couchapp push statuses \
http://awesomeco:****@awesomeco.cloudant.com/statuses
```

然后，打开网址 http://awesomeco.cloudant.com/statuses/_design/statuses/_view/messages。可以看到如下内容：

```
{"total_rows":2,"offset":0,"rows":[
  {"id":"02abeecc98362b3a26f85ea047bfaf5d","key":"messages","value":
    {"title":"Unscheduled Downtime",
     "description":"Someone tripped over the power cord!"}
  }
]}
```

获得视图后,编写 HTML 和 jQuery 代码在网站上显示状态消息。

显示消息

为了建立简单的界面,可以将默认页面 in_attachments/index.html 替换如下:

couchapps/statuses/_attachments/index.html
```
<body>
  <h1>AwesomeCo Status updates</h1>

  <div id="statuses">
    <p>Waiting...</p>
  </div>

  <script src="vendor/couchapp/loader.js"></script>
</body>
</html>
```

然后,利用数据库中的数据更新 statuses 区域的内容。

我们已经学习了 10 号秘方,所以对于将要建立的 HTML,可以使用模板。我们的页面上加载了名为 loader.js 的 JavaScript 文件,它包含了运行 CouchApp 所需的若干个 JavaScript 库,如 jQuery 库和 jQuery Couch 库。我们将 mustachejs.js 复制到 vendor/couchapps/_attachments 并将其添加到脚本列表,如下所示:

couchapps/statuses/vendor/couchapp/_attachments/loader.js
```
couchapp_load([
  "/_utils/script/sha1.js",
  "/_utils/script/json2.js",
  "/_utils/script/jquery.js",
➤ "vendor/couchapp/mustache.js",
  "/_utils/script/jquery.couch.js",
  "vendor/couchapp/jquery.couch.app.js",
  "vendor/couchapp/jquery.couch.app.util.js",
  "vendor/couchapp/jquery.mustache.js",
  "vendor/couchapp/jquery.evently.js"
]);
```

添加脚本列表后，在 index.html 页面上添加简单的 Mustache 模板，用来显示状态消息。jQuery CouchDB 插件将返回一个数据结果，如下所示：

```
data = {
  rows: [
    {
      id: "9e227166d51569f2713728da59ff9d6b",
      key: "messages",
      value: {
        title: "Unplanned Downtime",
          description: "Someone tripped over the power cord."
      }
    }
  ]
};
```

所以，当我们把状态消息的标题和描述加入模板时，使用 Mustache 的迭代对行数组进行循环运算，然后在字段前加上值，尽管这些字段在对象的键中嵌套。我们添加此模板到 index.html：

couchapps/statuses/_attachments/index.html
```html
<script type="text/html" id="template">
  {{#rows}}
  <div class="status">
    <h2>{{ value.title }}</h2>
    <p>{{ value.description }}</p>
  </div>
  {{/rows}}
</script>
```

完成模板后，我们需要连接到 CouchDB 并获取状态消息，这样，才能将数据加载到 Mustache 模板中。在 index.html 页面的新建<script>块中，将此定义为函数。

couchapps/statuses/_attachments/index.html
```javascript
$db = $.couch.db("statuses");
var loadStatusMessages = function(){
  $db.view("statuses/messages",{
    success: function( data ) {
      var template = Mustache.to_html(
        $("#template").html(), data
      );
      $("#statuses").html(template);
    }
  });
}
```

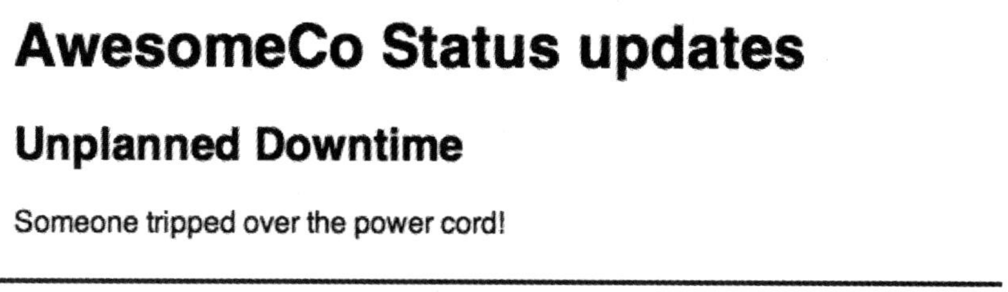

AwesomeCo Status updates

Unplanned Downtime

Someone tripped over the power cord!

图 31　带状态的网站

同样，我们使用 `success` 回调模式,该模式在 14 号秘方中已经采用过。您可能需要定义一个错误回调，但 CouchDB 插件会默认抛出错误消息。

最后，加载页面时只需要调用此函数，如下所示：

couchapps/statuses/_attachments/index.html
```
$(function(){
  loadStatusMessages();
});
```

最后一次将 CouchApp 加载到数据库中。访问页面时，我们可以看到效果良好的状态消息，如图 31 所示。我们还可以继续完善此应用，修改里面的代码，使它运行在服务器上。

深入研究
Further Exploration

通过 HTML 和 JavaScript，我们已经建立了一个简单易用的网络应用，所有这些都托管于 CouchDB，但我们还可以做得更深入。当需求变得复杂时，我们可以使用像 Backbone 的 JavaScript 框架组织我们的代码。实际上，CouchApp 包括了一个称为 Evently 的框架，能够简化复杂用户界面的事件委托[20]。尽管此处示例因为过于简单我们用不到 Evently 框架，但您会发现它会给您带来不小的作用。

应用的 URL 又长又难看，但 CouchDB 提供了重写 URL 的功能，因此，我们可以将网址 http://awesomeco.cloudant.com/statuses/_design/statuses/index.html 简化为 http://status.awesomeco.com，这样就不显得冗长难看了。

---

20 http://couchapp.org/page/evently

CouchDB 不仅可作为客户端的数据存储,还可以作为集成到服务器端的应用。它是一个性能良好、运行稳定的文件存储,易于使用和扩展。尽管无法满足所有需求,但 CouchDB 有其特殊的位置,尤其是处理非关系型数据的时候特别适用。

另请参考
Also See

- 10 号秘方　使用 Mustache 建立 HTML
- 13 号秘方　通过 Knockout.js 使客户端交互更清爽
- 14 号秘方　使用 Backbone.js 组织代码

第 4 章

移动开发
Mobile Recipes

越来越多的人选择移动设备访问网站和移动应用。因此，我们开发网站时，应当充分考虑这一类用户的需求。有限的带宽、更小的屏幕，以及新的用户界面与交互，给开发者带来了一系列有趣的问题。本章所要介绍的秘方，就将带领你学习如何利用 CSS Sprites 技术节省带宽，如何应对多点触控界面，以及如何打造一个带有转换效果的移动界面。

21 号秘方　面向移动设备的开发
Targeting Mobile Devices

问题
Problem

作为网页开发者，我们习惯于在开发时考虑诸多因素。同样的内容在不同的浏览器和屏幕分辨率下，会有不同的显示效果。若要网站在 13 英寸的笔记本和 30 英寸的显示器上都能够很好地显示，需要花费很大的精力。我们曾经关注过网站在 PDA 上的显示效果，然而随着智能手机和平板电脑的迅速普及，我们不光要考虑到更小的屏幕，还要考虑到屏幕旋转所带来的显示问题。

工具
Ingredients

- jQuery
- CSS 媒体查询（CSS Media Queries）

解决方案
Solution

我们可以利用 CSS 媒体查询技术，以便网页在不同的浏览器中载入相应的样式表单。媒体查询技术早在 HTML4 和 CSS2 时代就已经得到应用。在 CSS3 中，这项技术得到了更好的发展，加入了诸如设备屏幕宽度（device-width）及高度（device-height）等属性。有了这项技术，我们在处理不同的设备宽度和高度时就能够更加得心应手。

在 8 号秘方中，我们创建了一个可伸缩的产品列表。我们的数据分析团队最近发现移动设备用户的访问量激增，而且这些用户中的 90% 都使用 iPhone。目前，我们的网站如图 32 所示，网页上过小的字体使用户在移动设备上浏览起来非常吃力。

我们将在 8 号秘方中完成的代码的基础上做出改动。由于大部分用户是通过 iPhone 访问网站，所以将这些用户作为首要考虑的对象。我们将在页面的 `<head>` 部分中加入几个新的标签来载入为 iPhone 用户特别设计的 CSS 样式。这些样式将保存在 `iPhone.css` 的文件中，并存放在与 8 号秘方中 `style.css` 文件同样的路径下。

图 32　产品列表的目前版本

targeting_mobile/index.html
```
<link rel="stylesheet" type="text/css" href="iPhone.css"
media="only screen and (max-device-width: 480px)">
   <meta name="viewport"
     content="width=device-width;
              height=device-height;
              maximum-scale=1.4;
              initial-scale=1.0;
              user-scalable=yes"/>
```

在引用 iPhone.css 时，我们采用的是常见的样式表单链接，不同的是我们同时加入了 media 属性。例如，当把 media 属性设为"only screen and (maxdevice-width: 480px)"后，只有在最大屏幕宽度为 480 像素的移动设备上浏览时，网页才会载入此表单；而在桌面浏览器上查看时，浏览器则会自动忽略。

另外，我们又新加入了一个 viewport 的 meta 标签，来控制网页内容在移动设备上的显示。

因为移动设备的浏览器并不会自动将网页的所有内容调整成适合屏幕的大小，而是像桌面浏览器一样将内容正常布局。网页在移动设备上就会整页地显示出来，导致内容太小，必须放大才能看清。通过设置 viewport 的 meta 标签，移动设备的浏览器能够根据屏幕宽度自动调整内容的布局。

现在我们就开始改进产品列表的设计，以便 iPhone 用户浏览。首先，为了增加可读性，我们在<body>标签中将文本粗细（font-weight）调为粗体（bold）。

targeting_mobile/iPhone.css
```
body{
  font-weight: bold;
}
```

我们要确保<ul>标签的内容能够在页面上显著显示，同时又不至于超出页面的范围。同时<ul>标签的内容可以适当移向左侧，以便更有效地利用屏幕空间。

targeting_mobile/iPhone.css
```
ul.collapsible {
  width:430px;
  margin-left:-10px;
}
```

接下来，为了让<ul>标签适合 iPhone 的屏幕，我们要将它的宽度限定为不宽于 430 像素。同时我们又加入了 margin-left 属性，让产品列表更靠近屏幕的左侧。

除了简洁的外观，我们还要考虑用户在移动设备上的交互习惯。因为 iPhone 用户都是通过手指触摸来操作，而不是一个像素宽度的鼠标指针，<li>元素之间的间隔应当适当加宽，以防止手指触碰出现误操作。

targeting_mobile/iPhone.css
```
ul li{
  padding-top:10px;
}
```

最后，我们还需要为"+"和"-"这些表明列表展开和收起符号增加一些间隔。这样，这些符号就不会和文字挤在一起，妨碍阅读了。

targeting_mobile/iPhone.css
```
ul.collapsible li:before {
  width: 20px;
}
```

现在，当我们用 iPhone 重新打开之前的页面，如图 33 所示，可以看到整个页面的显示更加适合在手机的屏幕浏览。

当然，我们同时也可以用类似分辨率的 Android 手机查看这个页面，如图 34 所示。

图 33　iPhone 上显示的产品列表

通过以上的学习，我们能够通过媒体查询，控制页面在各种设备和不同显示方向上的显示效果。根据移动设备用户和桌面用户不同的操作习惯，我们甚至可以通过媒体查询来为不同设备的用户提供相应的用户体验。

深入研究
Further Exploration

除了以上做出的改动，我们还可以为移动用户提供一些特定的浏览效果。例如,突出显示地址和电话号码等内容，这对移动用户的帮助很大。我们还可以引用一些诸如 Tait Brown's "iOS Inspired jQuery Mobile Theme"[1] 样式，能够让我们的网页看起来更像是 iOS 的原生应用。

---

1 https://github.com/taitems/iOS-Inspired-jQuery-Mobile-Theme

图 34　Android 上显示的产品列表

此外，诸如 Skeleton[2]一类支持媒体查询的框架也是不错的选择。本书会在 26 号秘方中更详细地探讨这个问题。

另请参考

- 36 号秘方　使用 Dropbox 来托管静态网站
- 25 号秘方　CSS Sprites 技术
- 24 号秘方　利用 jQuery Mobile 创建用户界面
- 26 号秘方　使用栅格快速有效地进行设计
- HTML5 and CSS3　Develop with Tomorrow's Standards Today [Hog10]

---

2 http://www.getskeleton.com/

22 号秘方　触摸响应式下拉菜单
Touch-Responsive Drop-Down Menus

问题
Problem

现在很多的网站都使用下拉菜单作为导航，其模式已经相当成熟和固定了。在桌面浏览器中，这些菜单只需要一些 CSS 就可以达到很好的效果。但与 23 号秘方中的情况类似，用户在使用移动设备时没有鼠标可用，因此无法触发诸如悬停（:hover）的事件。即使这类事件能够触发，也不可能与桌面上的方式一致。我们必须留意移动设备的这些限制，尽量为移动设备用户提供与桌面用户一致的体验。

工具
Ingredients

- jQuery

解决方案
Solution

首先，我们要确保即使不使用下拉菜单，用户也能够正常的浏览和访问网站。我们可以让最高级的菜单链接指向包含所有次级菜单的页面。这样，即使下拉菜单不能工作，用户也可以访问次级菜单。基于这一点，我们已经解决让移动用户正常访问页面的问题了，如图 35 所示。但是，为了能给移动用户拥有与桌面用户一致的用户体验，我们需要着手加入下拉菜单。

在桌面版网站上，下拉菜单是由 CSS 的鼠标悬停（:hover）事件控制的。但是没有鼠标，就无法触发鼠标悬停这个事件。在 iOS 设备上，初次点击一个由鼠标悬停控制的链接会触发悬停事件，再次点击则会打开这个链接。这是一个很好的替代方案。但不幸的是，在其他的移动浏览器中，点击一个鼠标悬停效果的链接除了触发悬停事件以外，同时也会打开这个链接。除非用户在点到链接后，将手指从链接处移开再抬起。因此，在这些浏览器中，我们的下拉菜单只会在用户被带到新的页面之前短暂显示。这就完全违背了我们设计下拉菜单的初衷。

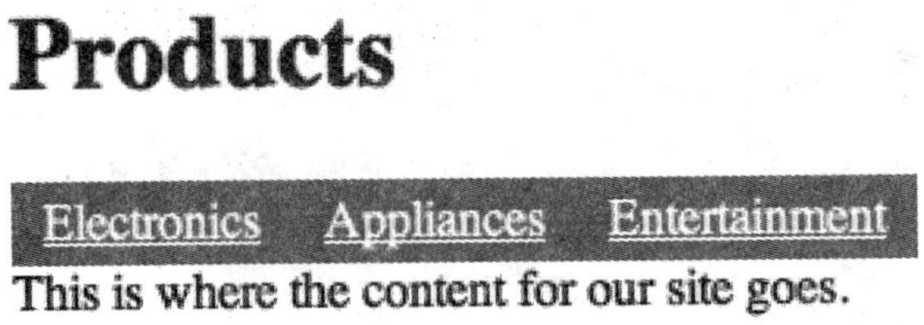

图 35　无悬停效果的最高级菜单

为了避免上述矛盾，我们决定让网站在所有浏览器中的动作都能够与 iOS 浏览器中的保持一致。要做到这一点，我们需要监视所有页面上的点击事件。当我们监视到一个在导航部分的点击事件时，除非同一个链接被连续点击两次，否则我们将禁止浏览器执行默认的操作。这意味着我们需要监视页面上任意的点击事件、最高级菜单的点击事件，以及次级菜单的点击事件。

mobiledropdown/mobiledropdown.js
```
var lastTouchedElement;
$('html').live('click', function(event) {
  lastTouchedElement = event.target;
});
```

首先，我们要加入一个全局变量，用于跟踪之前页面上任意的点击事件。有了这个变量，我们就能够确定用户之前到底是点击了一个菜单链接，还是为了隐藏下拉菜单而点击了页面的其他部分，抑或是点击了其他不属于下拉菜单的链接。

接下来，我们需要知道当用户点击一个下拉菜单的链接时，之前的点击事件是否点击了同一个链接。在第一个点击事件发生时，我们要禁止浏览器执行默认的操作，即禁止其打开相应的链接。页面如图 36 所示，如果用户再次点击相同的链接，将会打开这个链接的页面。唯一的例外是 iOS 设备，因为 iOS 上的浏览器原本就可以正常工作，所以无需禁止 iOS 上浏览器默认的操作。

mobiledropdown/mobiledropdown.js
```
function doNotTrackClicks() {
  return navigator.userAgent.match(/iPhone|iPad/i);
}
$('navbar.dropdown > ul > li').live('click', function(event) {
  if (!(doNotTrackClicks() || lastTouchedElement == event.target)) {
    event.preventDefault();
  }
  lastTouchedElement = event.target;
});
```

图 36　点击 Entertainment 后的下拉菜单

如果点击的链接与之前点击的元素不同,而且客户端也不是 iOS 设备,那么浏览器就不应该打开这个链接。我们同时更新了这个链接的 `lastTouchedElement` 属性,这通常是由 <html> 元素的事件处理程序来完成的,不过这次我们有另一个需要处理的点击事件。

如果现在就来测试我们的网站,就会发现次级菜单与主菜单的动作完全相同。这是因为次级菜单点击事件冒泡到了主菜单,并且继承了主菜单的点击事件动作,所以我们要点击次级菜单两次才能打开相应的链接。因此,我们要为次级菜单添加一个 `stopPropagation()` 事件处理程序来预防事件传播(对事件传播的讨论请参照"为何不直接返回 False?",第 56 页)。

mobiledropdown/mobiledropdown.js
```
$('navbar.dropdown li').live('click', function(event) {
  event.stopPropagation();
});
```

有了这段代码,不同移动平台的用户都能够得到统一的用户体验。而且只要每个主菜单的页面可以列出次级菜单的链接,使用非智能手机设备的用户就能够正常访问我们的网站。

深入研究
Further Exploration

以上探讨的内容也会影响到桌面用户,例如主菜单的链接需要双击才能够打开。因此,与我们处理浏览器检测到 iPhone 用户时的方法相类似,当浏览器检测到非移动设备的访问时,我们可以跳过这段代码。相应的检测代码可以在网站 http://detectmobilebrowsers.com 上找到,通过 jQuery 我们能够很轻松地把它们加入到网站代码中去。

另请参考
Also See

- 8 号秘方　可访问的展开和折叠

23 号秘方　移动设备上的拖放
Mobile Drag and Drop

问题
Problem

过去十年里，拖放功能一直是开发者们在网站开发时乐于添加的一项非常易用的功能。我们能够找到各式各样支持拖放功能的插件，然后很轻易地把它们填加到网站上。其实，就算我们自己编写类似的代码，也并非难事。但问题是大多数做法仅仅支持鼠标触发的事件，所以无法支持移动设备。因此，我们需要加入一些新的事件，让移动用户能够使用我们网站的拖放界面。

工具
Ingredients

- jQuery

解决方案
Solution

对于拖放，传统的桌面浏览器会监听 `mousedown` 和 `mouseup` 等事件，而 iPad 一类移动设备上的浏览器会监听一套新的事件，例如 `touchstart` 和 `touchend`。

我们的网站利用弹出窗口来展示产品详情，用户可以拖拽这个窗口至屏幕的一边。但是我们收到了一些来自 iPad 用户的反馈，说他们不能拖拽这些弹出窗口。在仔细研究代码后发现，这些代码仅支持 `mousedown` 和 `mouseup` 事件。现在我们就来着手解决这些移动用户遇到的问题。

布局和样式

我们将使用 JavaScript 来处理这些事件，但我们首先要创建标记页面。这个页面包含一个无序的产品列表以及一个隐藏的用于包含可拖拽窗口的`<div>`元素。

```
dragndrop/index.html
<header>
  <h1>Products list</h1>
</header>
```

```html
<div id='content'>
  <ul>
    <li><a href="product1.html" class="popup">
      AirPort Express Base Station
    </a></li>
    <li><a href="product1.html" class="popup">
      DVI to VGA Adapter
    </a></li>
  </ul>
</div>
<div class="popup_window draggable" style="display: none;">
  <div class="header handle">
    <div class="header_text">Product description</div>
    <div class="close">X</div>
    <div class="clear"></div>
  </div>
  <div class="body"></div>
</div>
```

我们还要让弹出窗口的位置绝对定位。以下是我们需要的一些基本样式。

dragndrop/style.css
```css
.clear {
  clear: both;
}
.popup_window {
  width: 500px;
  height: 300px;
  border: 1px solid #000;
  position: absolute;
  top: 50px;
  left: 50px;
  background: #EEE;
}
.popup_window .header {
  width: 100%;
  display: block;
}
.popup_window .header .close {
  float: right;
  padding: 2px 5px;
  border: 1px solid #999;
  background: red;
  color: #FFF;
  cursor: pointer;
  margin: 0;
}
.popup_window .header:after {
  clear: both;
}
```

除此之外，我们还需要创建每个链接所指向的对应产品的页面，一般情况下，这些页面会建立在服务器上。为了便于展示，我们只创建一个名为 product1.html 的页面，所有产品的链接都将指向这个页面。这些文件都存放在同一路径下。

dragndrop/product1.html
```html
<h3>Product Name</h3>
<div class='product_details'>
  <missing>Need a real product page</missing>
  <p>This is a product description. Below is a list of features:</p>
  <ul>
    <li>Durable</li>
    <li>Fireproof</li>
    <li>Impenetrable</li>
    <li>Fuzzy</li>
  </ul>
</div>
```

基本的拖放

现在，我们的链接都能够正常指向对应的页面了。但我们希望浏览器能够在新的弹出窗口中打开这些页面，而不是在原窗口中打开。同时，我们要为产品链接添加 popup 类，这样我们就知道点击哪些链接的时候浏览器会在弹出窗口中打开指向的页面。

dragndrop/dragndrop.js
```javascript
$('.popup').live('click', updatePopup);
function updatePopup(event) {
  $.get($(event.target).attr('href'), [], updatePopupContent);
  return false;
}
function updatePopupContent(data) {
  var popupWindow = $('div.popup_window');
  popupWindow.find('.body').html($(data));
  popupWindow.fadeIn();
}
$('.popup_window .close').live('click', hidePopup);
function hidePopup() {
  $(this).parents('.popup_window').fadeOut();
  return false;
}
```

这些 javascript 函数能够显示和隐藏弹出的窗口。弹出窗口看起来很不错，不仅能够动态地展示新的数据，同时又能够让我们看到大部分原来的页面。问题是这个弹出窗口挡住了一部分内容，如图 37 所示，而我们没有办法移动它。现在我们就来加入拖拽的特效。首先我们要让这个弹出窗口在桌面浏览器上能够支持鼠标拖拽，之后再用同样的办法使它可以在移动设备上支持触摸拖拽。

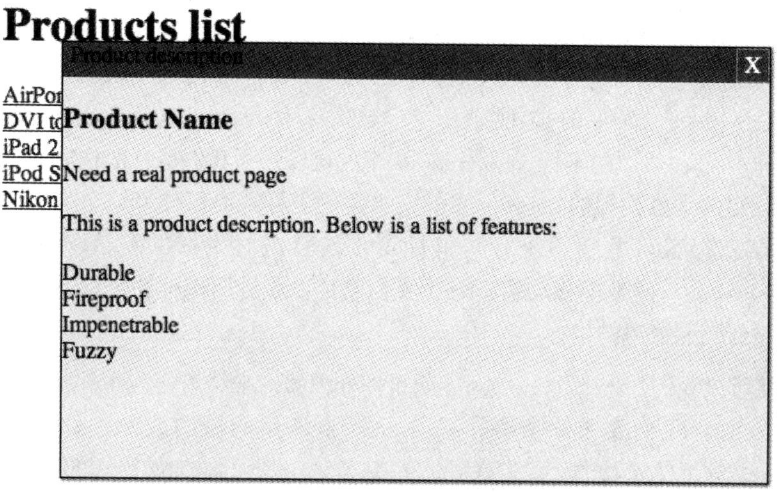

图 37 弹出窗口挡住了网页内容

dragndrop/dragndrop.js
```js
$('.draggable .handle').live('mousedown', dragPopup);
function dragPopup(event) {
  event.preventDefault();
  var handle = $(event.target);
  var draggableWindow = $(handle.parents('.draggable')[0]);
  draggableWindow.addClass('dragging');
  var cursor = event;
  var cursorOffset = {
    pageX: cursor.pageX - parseInt(draggableWindow.css('left')),
    pageY: cursor.pageY - parseInt(draggableWindow.css('top'))
  };
    $(document).mousemove(function(moveEvent) {
      observeMove(moveEvent, cursorOffset,
        moveEvent, draggableWindow)
    });
    $(document).mouseup(function(up_event) {
      unbindMovePopup(up_event, draggableWindow);
    });
}
function observeMove(event, cursorOffset, cursorPosition, draggableWindow){
  event.preventDefault();
  var left = cursorPosition.pageX - cursorOffset.pageX;
  var top = cursorPosition.pageY - cursorOffset.pageY;
  draggableWindow.css('left', left).css('top', top);
}
function unbindMovePopup(event, draggableWindow) {
  draggableWindow.removeClass('dragging');
}
```

在可拖拽（draggable）的元素中，我们首先要寻找那些属于 `handle` 类的 `<div>` 元素。当鼠标按下时，我们就调用 `dragPopup()` 函数，以加入一个新的对 `mousemove` 事件的监视器。每当鼠标移动的时候，我们就更新 `draggable_window` 的坐标。`mousemove` 事件可以告诉我们鼠标的位置，但我们需要设定的是可拖拽的 `<div>` 元素的左上角的坐标。为了计算这个坐标值，我们需要获得窗口的初始坐标与鼠标第一次点击时坐标的差值。这样，在 `observeMove()` 函数中移动窗口时，我们就可以通过用鼠标的坐标减去这个差值来更新当前窗口的坐标。

接下来我们加入一个 `mouseup` 的事件处理器，来结束拖拽事件。当这个事件触发时，我们要去除所有 `mousedown` 事件后所做的改动，即停止监听 `mousemove` 事件以及去除我们在 `draggable_window` 上添加的样式的类。

加入对移动设备的支持

解决完困难的部分，增加对移动设备的支持就变得相对简单了。除了鼠标相关事件以外，`dragPopup()` 函数满足了我们大部分的需求。因此，我们所要做的仅仅是模仿一下鼠标事件相关的代码，使它能够支持触摸事件。

第一步，我们需要检测设备浏览器是否支持触摸事件。如果我们在桌面上调用触摸相关的函数，代码就会中断。所以我们要把跟触摸事件相关的代码放在 `isTouchSupported()` 的条件判断语句中。

dragndrop/dragndrop.js
```
function isTouchSupported() {
  return 'ontouchmove' in document.documentElement;
}
```

接下来我们将新加入的 `touchstart` 事件处理器的代码和 `mousedown` 事件处理器的代码放在一起。这两个事件处理器都可以触发函数 `dragPopup()`。这样，`touchstart` 事件就可以正常触发 `dragPopup` 函数了。

dragndrop/dragndrop.js
```
$('.draggable .handle').live('mousedown', dragPopup);
if (isTouchSupported()) {
  $('.draggable .handle').live('touchstart', dragPopup);
}
```

由于用户可能使用多点触控，触摸事件通常会返回一串包含多个触摸坐标值的数组。此时先将注意力放在单个手指的移动上。因此我们将使用数组中第一个坐标值作为用户手指的坐标，然后将这个坐标作为 `cursorPostion` 变量的值导入。

dragndrop/dragndrop.js
```js
function dragPopup(event) {
  event.preventDefault();
  var handle = $(event.target);
  var draggableWindow = $(handle.parents('.draggable')[0]);
  draggableWindow.addClass('dragging');
  var cursor = event;
  if (isTouchSupported()) {
    cursor = event.originalEvent.touches[0];
  }
  var cursorOffset = {
    pageX: cursor.pageX - parseInt(draggableWindow.css('left')),
    pageY: cursor.pageY - parseInt(draggableWindow.css('top'))
  };

  if (isTouchSupported()) {
    $(document).bind('touchmove', function(moveEvent) {
      var currentPosition = moveEvent.originalEvent.touches[0];
      observeMove(moveEvent, cursorOffset,
        currentPosition, draggableWindow);
    });
    $(document).bind('touchend', function(upEvent) {
      unbindMovePopup(upEvent, draggableWindow);
    });
  } else {
    $(document).mousemove(function(moveEvent) {
      observeMove(moveEvent, cursorOffset,
        moveEvent, draggableWindow)
    });
    $(document).mouseup(function(up_event) {
      unbindMovePopup(up_event, draggableWindow);
    });
  }
}
function unbindMovePopup(event, draggableWindow) {
  if (isTouchSupported()) {
    $(document).unbind('touchmove');
  } else {
    $(document).unbind('mousemove');
  }
  draggableWindow.removeClass('dragging');
}
```

不巧的是，jQuery 1.7 并不完全支持用 `live()` 函数来监视触摸事件，因此我们无法通过 jQuery 事件来访问触摸坐标值的数组，但可以通过原始事件来获取用户手指的位置。这样我们可以在 `touchmove` 这个事件发生时调用与之前完全相同的 `observeMove()` 函数，来达到与鼠标移动窗口这个动作类似的效果。

最后，当 touchend 事件发生时，我们要停止监听 touchmove 事件。这与我们处理鼠标的 mouseup 和 mousemove 事件的方法相同。

深入研究
Further Exploration

我们了解了如何处理单点触控事件，着手处理多点触控时就变得比较简单了。触摸事件会返回一串触摸坐标值的数组，据此可以判断用户是否使用了多点触控并能确定每个手指的位置。这样我们就能够知道用户是在缩小或滑动屏幕，还是在使用自定义的手势。对于网络开发者来说，能够在浏览器中对手势加以控制和利用是件很令人兴奋的事情。如果你想了解这个新的 API 还能带来怎样的惊喜，欢迎访问我们的网站 HTML5 Rocks[3]。

另请参考
Also See

- 31 号秘方　调试 JavaScript
- 22 号秘方　触摸响应式下拉菜单

---

[3] http://www.html5rocks.com/en/mobile/touch.html

24号秘方　利用jQuery Mobile创建用户界面
Creating Interfaces with jQuery Mobile

问题
Problem

客户希望我们为一个现有的网络应用创建一个移动界面。最好的解决方案是打造一个iOS和Android平台的原生应用，但是我们没有足够的时间、资源和技能。为了解决这个问题，我们决定从网络应用和原生应用中各取所长。

工具
Ingredients

- jQuery
- jQuery Mobile[4]

解决方案
Solution

为移动设备开发原生应用并非易事，这对编程经验的要求让许多开发者望而却步。Android和iOS的原生应用使用Java和Objective-C。这两种编程语言对于很多网络开发者来说都是陌生的。然而有了jQuery Mobile，我们可以开发出与Android和iOS原生应用相差无几的网络应用。jQuery Mobile允许我们使用熟悉的HTML、JavaScript和CSS轻松地创建应用，并达到近似原生应用的效果。

我们将通过创建一个浏览公司产品的网站来学习使用jQuery Mobile。用户可以使用这款应用来浏览和搜索产品。当应用完成时，移动界面便如图38所示。

利用jQuery Mobile创建应用需要使用一些语义化的HTML和HTML5中特有的数据属性。依靠这些属性，我们创建的应用大部分都无需使用JavaScript。

---

[4] http://jquerymobile.com/

图 38　通过 jQuery Mobile 创建的主页

建立文档

下面我们就来着手建立一个 HTML 文档来使用 jQuery Mobile。我们的应用运行于 QEDServer，所以首先应确保 QEDServer 的正常运行。接下来我们在这个服务器的公共文件夹下建立 index.html 文件。以下是我们使用的 HTML 样板：

```html
jquerymobile/index.html
<!DOCTYPE html>
<html lang="en">
  <head>
    <meta charset="utf-8">
    <title>Incredible Products from AwesomeCo</title>

    <link rel="stylesheet"
      href="http://code.jquery.com/mobile/1.0rc1/jquery.mobile-1.0rc1.min.css">
    <script type="text/javascript"
      src="http://ajax.googleapis.com/ajax/libs/jquery/1.6.4/jquery.min.js">
    </script>
    <script type="text/javascript"
      src="http://code.jquery.com/mobile/1.0rc1/jquery.mobile-1.0rc1.min.js">
    </script>
  </head>

  <body>
  </body>
</html>
```

这个样板包含了三个文件：jQuery Mobile 的 CSS 文件，jQuery 库和 jQuery Mobile 的脚本文件。当这些准备工作完成以后，我们就可以向这个应用加入页面和内容了。我们当前使用的 jQuery Mobile 版本需要 jQuery 1.6.4 的支持。

创建页面

一个 jQuery Mobile 程序包含一系列的页面。这些页面相互链接，但我们在同一时间只能在屏幕上显示一个页面。在使用 jQuery Mobile 创建页面时，我们会使用`<div>`元素并将其`role`的数据属性设为`page`。当程序运行时，浏览器会载入 HTML 文件中`body`部分排在最前的页面。接下来我们就来创建一个主页页面。

jquerymobile/index.html
```html
<div data-role="page">
  <div data-role="header">
    <h1>AwesomeCo</h1>
  </div>
  <div data-role="content">
  </div>
  <div data-role="footer">
    <h4>&copy; 2012 AwesomeCo</h4>
  </div>
</div>
```

每个页面包含三个部分，即`header`（页头）、`content`（内容）和`footer`（页脚）。页头位于`<h1>`标签，包含当前页面的信息。在之后的部分我们还将看到，页头还可以包含程序中的导航按钮。内容部分可以包含任意数量的段落、链接、列表、表格，以及任何常见页面中会使用到的元素。页脚并不是一个必须的部分，它包含版权和任何其他信息。

主页的框架准备好后，接下来加入一些元素来填充内容。我们需要加入一些按钮，来访问程序的其他页面。

jquerymobile/index.html
```html
<p>Welcome to AwesomeCo, your number one source
  for all things awesome.</p>

<div data-role="controlgroup">
  <a href="#products" data-role="button">View All Products</a>
  <a href="#search" data-role="button">Search</a>
</div>
```

首先创建一个段落，介绍这个程序的相关信息。然后创建一个角色为`controlgroup` 的`<div>`元素。它的属性会去除所有链接的边缘空白，这样它们看上去就像是一组链接，而非一些独立的链接，如图 39 所示。然后我们还要将这些锚元素的角色设为`button`，以便 jQuery Mobile 给予它们相应的样式。将锚元素的`href`属性值设定为目标页面的 ID，这两个锚就可以链接到对应的页面了。

这些按钮看起来不错，不过我们还可以进一步完善它们，以便给用户更多的反馈。我们可以设定`data-icon`这个属性，给这些按钮加上图标。

你可以在文档[5]中找到你希望使用的图标。在我们的页面上，我们打算使用右箭头图标和搜索图标。

图 39　无图标的按钮

jquerymobile/index_icons.html
```
<div data-role="controlgroup">
  <a href="#products" data-role="button"
    data-icon="arrow-r">View All Products</a>
  <a href="#search" data-role="button"
    data-icon="search">Search</a>
</div>
```

有了这些按钮，我们主页的导航就算完成了。我们创建了一个按钮组，链接到程序的不同部分，并加入了一些定制元素以给用户更多的反馈。我们的主页下载看上去很像我们之前的示例，如图 38 所示。

我们加入的按钮看起来很棒，但是它们暂时还无法带我们去往任何其他页面。我们需要创建一个新的页面，使这些按钮起作用。

jquerymobile/index.html
```
<div data-role="page" id="products">
  <div data-role="header">
    <h1>Products</h1>
  </div>
  <div data-role="content">
  </div>
```

---

5 http://jquerymobile.com/demos/1.0rc1/#/demos/1.0rc1/docs/buttons/buttons-icons.html

```
    <div data-role="footer">
      <h4>&copy; 2012 AwesomeCo</h4>
    </div>
</div>
```

> **测试 jQuery Mobile**
>
> 当我们需要做 jQuery Mobile 的测试时，桌面版的浏览器就显得力不从心了。程序的尺寸和大小比例在桌面上看起来可能会非常奇怪。桌面浏览器最多只能用来快速查看大体上是否偏离设计的方向。但要查看程序的真实效果，还需要使用浏览器模拟器。这个模拟器和正常的浏览器没有太大区别，但它的尺寸和移动设备相同。如果你使用 Mac，那么最常见的模拟器是 iPhoney [6]。对于 Windows 和 Linux 的用户，可以访问 testiphone.com [7]。完全免费。
>
> 对于使用 jQuery Mobile 开发网页应用，模拟器能够给予很大的帮助。如果使用的是 iPhoney，则应保证 View 菜单中的 Zoom to Fit 选项未被选中，以便移动程序能够在窗口中以正常的比例显示。

现在，当我们在浏览器中载入页面，点击产品链接，程序就会转向产品页面了。

查看产品

现在可以载入产品的页面了，但我们仍需给这个页面加入一些内容。因为 QEDServer 上有我们所需要的数据，我们使用 jQuery 来将这些产品导入列表。首先访问 http://localhost:8080/products，确认数据库中有我们需要的产品。如果数据库中还没有任何的产品记录，就随意创建几条数据。

创建产品页面的结构后，我们只需要在内容部分新建一个空的<ul>元素来包含我们的产品列表。

jquerymobile/index.html
```
<div data-role="content">
➤   <ul id="products-list" data-role=" "listview"></ul>
</div>
```

我们创建的<ul>元素的角色为 listview，因此 jQuery Mobile 能够正确赋予式样。我们同时给了<ul>元素一个 ID，以便在 JavaScript 中引用。如果我们重新载入程序，浏览产品页面，它将是一片空白。要载入一些产品，我们需要使用 jQuery Mobile 的定制事件在用户请求页面时动态载入内容。

---

6 http://marketcircle.com/iphoney/
7 http://testiphone.com/

```
jquerymobile/index.html
$(function() {
 var productsPage = $("#products");
 var productsList = $("#products-list");

 productsPage.bind("pagebeforeshow", function() {
   $.mobile.showPageLoadingMsg();
   $.getJSON("/products.json", function(products) {
     productsList.html("");

     $.each(products, function(i, product) {
       productsList.append("<li><a href='#product'>" +
         product.name + "</a></li>");
     });

     productsList.listview("refresh");
     $.mobile.hidePageLoadingMsg();
   });
 });
});
```

我们使用页面的 `pagebeforeshow` 事件来在用户浏览这个页面之前载入产品列表。事件处理器的第一行代码会显示一个载入页面，告诉用户程序正在后台处理一些信息。`getJSON()` 方法会向服务器发出查询请求，而服务器则会返回一串产品的数组。程序将遍历这些产品信息，并将其加入到之前的列表。因为我们在这个过程中创建了新的 HTML，需要刷新 `listview`，这样 jQuery Mobile 才会给新加入的元素叠加样式。最后，我们要移除载入页面，显示新创建的页面。

现在，当我们浏览产品页面时，会看到如图 40 所示的产品列表。

查看产品的最后一项任务是创建一个特定产品的展示页面。当我们点击产品时，希望看到这个产品的所有相关信息。为此，我们不会为每个产品都创建单独的页面，而是为所有产品创建一个单页的模板然后动态地载入产品信息。首先，我们需要回到为产品的 `listview` 创建内容的地方，给锚元素加入一些数据，来获取我们需要浏览的产品 ID。然后，将从服务器获取的产品 ID 传给我们自定义的带有 data-product-id 属性的数据。

```
jquerymobile/index_icons.html
$.each(products, function(i, product) {
  productsList.append("<li><a href='#product' data-product-id='" +
    product.id + "'>" + product.name + "</a></li>");
});
```

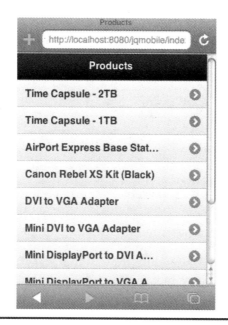

图40　产品页面

产品的 ID 保存好后，需要创建一个展示产品的页面。该页面看起来也是一片空白，因为只有在需要的时候它才会动态地载入产品信息。接下来就是创建这个页面的页头、页脚和内容的<div>元素等。

```
jquerymobile/index_icons.html
<div data-role="page" id="product">
  <div data-role="header" id="product-header">
    <a data-role="back" href="#products" data-direction="reverse">Back</a>
    <h1>Product</h1>
  </div>

  <div data-role="content" id="product-content">
    <p class="description"></p>
    <span class="price"><strong></strong></span>
  </div>

  <div data-role="footer">
    <h4>&copy; 2012 AwesomeCo</h4>
  </div>
</div>
```

我们在页头部分的<div>中创建了一个返回按钮，来模拟历史记录的返回功能。data-direction 属性的 reverse 值使得页面转换的效果变为从左往右。最后，为了在页面上显示产品信息，我们截断页面的显示，并载入数据。

之前，我们向服务器请求若干产品的信息。这次，我们仅请求一个产品的信息并利用这些信息打造产品页面余下的部分。下面，写入一些 JavaScript，完成浏览产品的任务。

jquerymobile/index_icons.html
```javascript
var productPage = $("#product");

$("#products a").live("tap", function() {
  var productID = $(this).attr("data-product-id");
  $.mobile.showPageLoadingMsg();
  $.getJSON("/products/" + productID + ".json", function(product) {
    $("#product-header h1").text(product.name);
    $("#product-content p.description").text(product.description);
    $("#product-content span.price strong").text("$" + product.price);
  });
  $.mobile.hidePageLoadingMsg();
  $.mobile.changePage($("#product"));
});
```

首先，绑定一个 jQuery Mobile 定制的点击（tap）事件。因为原始的点击事件在不同的移动浏览器中差别很大，jQuery Mobile 重新定制了这个事件，以统一该事件在不同的移动浏览器中的效果。接下来，我们要储存一个产品 ID 的引用，以便利用 `getJSON()` 请求数据。在这个 Ajax 请求中，我们将产品页面的文字替换为返回的数据。最终，最后一行代码促成 jQuery Mobile 来生成产品的页面。

这样，一个用来浏览产品和展示它们信息的界面就做好了。在图 41 中，可以看到产品展示页面的效果。

深入研究
Further Exploration

在程序的主页上，我们创建了一个导向搜索页面的链接，可我们并未创建这个页面。然而，利用所学的创建动态页面的方法，我们可以轻松地在之前代码的基础上进行改动，创建一个搜索页面并利用表单提交搜索查询。

```html
<form id="search-form">
  <input type="search" name="query" id="search-query">
  <input type="submit" name="submit" value="Submit">
</form>
```

这个表单仅接受一个输入：搜索查询。之后，我们需要获取提交（submit）事件，然后将查询提交给 Ajax。利用 QEDServer 自带的搜索参数，我们可以重新利用查看产品章节中绝大部分的代码。

但是，使用 `getJSON()` 方法提出请求时，我们需要将搜索查询的输入内容传递进来。

```
$.getJSON("/products.json?q=" + $('#search-query').val(), function(data) {
  // editing the products page
});
```

图 41　某一产品的页面

最后，我们可以使用 `changePage()` 来控制产品页面的打开方式。jQuery Mobile 框架还提供很多高级特性，能够打造非常强大的应用。我们极力推荐读者能够仔细阅读 jQuery Mobile 网站上的文档和示例。[8]

另请参考
Also See

- 10 号秘方　使用 Mustache 创建 HTML
- 18 号秘方　利用 JSONP 访问跨网站数据
- 21 号秘方　面向移动设备的开发
- 22 号秘方　触摸响应式下拉菜单

---

8 http://jquerymobile.com/demos/1.0b2/#/demos/1.0b2/

25 号秘方　CSS Sprite 技术
Using Sprites with CSS

问题
Problem

由于移动数据成本的增加以及数据传输总量的限制，在手机或其他移动设备上载入大量图片的费用和时间成本不容忽视。我们希望将这些因素对用户的影响降到最低，在优化载入时间给用户带来更佳移动体验的同时产生尽量少的数据流量。

工具
Ingredients

- 工具
- CSS

解决方案
Solution

在 21 号秘方中，我们为在 8 号秘方中做好的产品列表创建了一个移动界面。我们给网站做了一些配色和平面设计，并且加入了一些图片。但我们希望新加入的图片不会占用过多带宽，耗尽用户本已紧张的数据流量。另外我们也希望网站的页面能够快速载入。CSS sprite 技术能够通过 CSS 属性显示一张图片中我们需要的部分。这样我们就可以将多个图标整合到一个文件中，然后用户仅需下载一个文件，就可以通过这个文件在不同的地方显示我们想要的图标。

我们的平面设计部门已经为我们的网站设计好了一份 sprite 图片，如下所示。

这份 sprite 图片包含了一个 "+" 和一个 "-"，来替代那些我们之前用来显示列表状态（收起或展开）的文字符号。你可以在这本书的网站上下载到示例项目的源代码文件，并可以在其中找到这张图片。

我们需要在项目的路径下创建一个图片文件夹，并把下载到的 expand_collapse_sprite.png 文件放入其中。在 21 号秘方中，我们创建了 iPhone.css 这个文件。接下来我们所有的工作都将在这个文件中完成。

我们在 8 号秘方中创建的 style.css 包含两条 CSS 规则。这两条规则决定了哪些内容会显示出来。

css_sprites/style.css
```css
ul.collapsible li.expanded:before {
  content: '-';
}
ul.collapsible li.collapsed:before {
  content: '+';
}
```

我们将在 iPhone.css 中覆盖这两条规则，让浏览器使用我们的图片而非文字符号。我们可以设定背景的 CSS 属性，配合一些位置的调整，使图片能够对齐。这样我们就可以利用 sprite 来使整张图片的一部分显示出来。

css_sprites/iPhone.css
```css
ul.collapsible li.expanded:before {
  content: '';
  width:30px;
  height:20px;
  background:url(images/expand_collapse_sprite.png) 0 -5px;
}
ul.collapsible li.collapsed:before {
  content: '';
  width:30px;
  height:25px;
  background:url(images/expand_collapse_sprite.png) 0 -30px;
}
```

我们在两条 CSS 规则的首行将内容设定为空的字符串，覆盖之前的文本内容，以便我们用图片进行替换。接下来，为了显示部分图片，我们需要指定所显示图片的高度和宽度。背景属性则会设定 sprite 图片的 x 坐标和 y 坐标，来移动选取我们所要指定显示的图片部分。

我们现在的设计在页面顶端有一块多余的留白。所以我们把 y 坐标设为-5 像素。平面设计团队没有在屏幕左边留下多少空间，所以 x 坐标就定为 0 像素。我们的"-"图标在"+"的下方，所以若要显示"-"号，我们只需要把 y 坐标向下移动到-30 像素的位置即可。我们可以在图 42 中看到我们的效果。

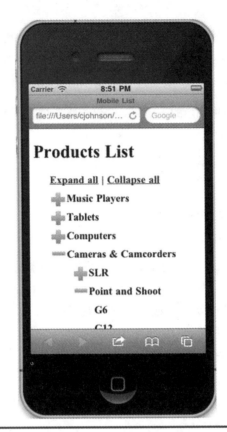

图 42　加入 CSS sprite 图片后的产品列表

　　CSS sprite 技术帮助我们精简了在多个图片间来回选取的步骤，让我们能够在一张图片中放入我们需要的所有图标，然后选取需要显示的部分。这样做节省了移动设备上载入图片时所需的带宽和数据传输的流量，使我们能够在节省资源的条件下获得良好的用户体验。

深入研究
Further Exploration

　　既然我们已经在移动版的样式表单中加入了 CSS sprite，便可以进一步尝试在桌面版中实现这项功能。因为 CSS sprite 能够减少下载次数，加快页面的载入速度，它对任何版本的网站都有好处。

　　CSS sprite 这项技术的理念也可以应用于复杂和生动的动画处理上。

Google 在一些重要节日时，会将自己的公司图标替换为 Google Doodles。这些具有互动效果的 Google Doodles 就使用了 CSS sprite 技术。你可以尝试搜索 Google Doodles CSS Sprites，可以学到一些 CSS sprite 的高级技巧。

另请参考
Also See

- 36 号秘方　使用 Dropbox 来托管静态网站
- 24 号秘方　利用 jQuery Mobile 创建用户界面
- 26 号秘方　使用栅格快速有效地进行设计
- HTML5 and CSS3　Develop with Tomorrow's Standards Today [Hog10]

第 5 章

流程优化

Workflow Recipes

我们使用的工具及流程极大地影响了我们的工作效率。开发者不仅要设法让用户满意，还要尽量改善自己的工作流程。本章介绍应用于布局、内文、CSS、JavaScript 及代码中的各种工作流程。

26 号秘方　使用栅格快速有效地进行设计
Rapid, Responsive Design with Grid Systems

问题 Problem

在开发网站之前，我们经常要向客户或经理提供设计原型。这样做可以帮助最终用户更好地了解设计意图和布局方案，尤其是当我们需要设计移动电话、平板电脑和桌面应用的界面时。

制作原型的途径很多，从纸笔到原型工具（如 OmniGraffle、Visio、Balsamiq Mockups），但最好还是使用 HTML 和 CSS 来制作原型，这些代码在实际开发中还派得上用场。

工具 Ingredients

- Skeleton[1]

解决方案 Solution

得益于一些很棒的 HTML 和 CSS 框架，我们可以比以往更快地设计布局，并避开一些由 CSS 布局引发的问题，而且能针对移动设备及平板电脑的屏幕尺寸加以调整。

CSS 栅格框架能为在页面上放置元素提供快捷方式，而无需担心浮层及空隙。这类框架很多，我们选用的是 Skeleton，因为它支持的屏幕尺寸更多。

客户要求我们为属性列表页面提供原型，展示一系列属性图片、价格，以及 MLS 列表属性细节。同时，保证它在便携机和 iPhone 上可读，这样，经纪人便可以快速得到它的属性信息。

---

[1] http://getskeleton.com

这个模型还可以被做成 Web 应用开发模板。有些示例我们用硬编码生成，以占位符替代图片。在原型生成前，先来了解一下 Skeleton 及其工作方式。

Skeleton 结构

Skeleton 与基于栅格的框架一样，使用中心对称 960 像素容器，16 列等分栅格。用这些列来定义页面宽度。顶栏横跨全部 16 列，侧边栏占用 1/4 宽度，即 4 个列宽，如图 43 所示。应用简单 CSS 技术，skeleton 可帮助我们处理浮窗、对齐元素、设置默认行高及字体尺寸，这些浮层可以很好地实现跨列。

Skeleton 提供了比 CSS 设置布局更为简单的方法，以文件形式为我们提供框架。只需下载并解压 Skeleton 文件，即可获得 `index.html` 文件、JavaScript 文件夹、样式库文件夹，以及站点默认图标的图片文件夹（含有 iPhone 导航按钮）。它还包括自定义样式和 JavaScript 代码路径。

另外，Skeleton 还拥有更多特性，如浏览器尺寸自变更及 CSS 查询小窗，这在 21 号秘方中曾提到过。

了解了 Skeleton 的结构和功能后，开始原型的学习。

定义布局

页面顶栏带有属性地址，列有属性信息及图像。页面效果如图 44 所示。

此秘方使用 Skeleton 1.1 版本，本书附有源码。skeleton 包中提供 `index.html` 文件，我们以此为模板。打开文件，删掉类容器中 `<div>` 开闭区间内容，保留 `<div>` 容器本身，因为 Skeleton 会自动设置页面宽度为 960 像素，并居中对齐。

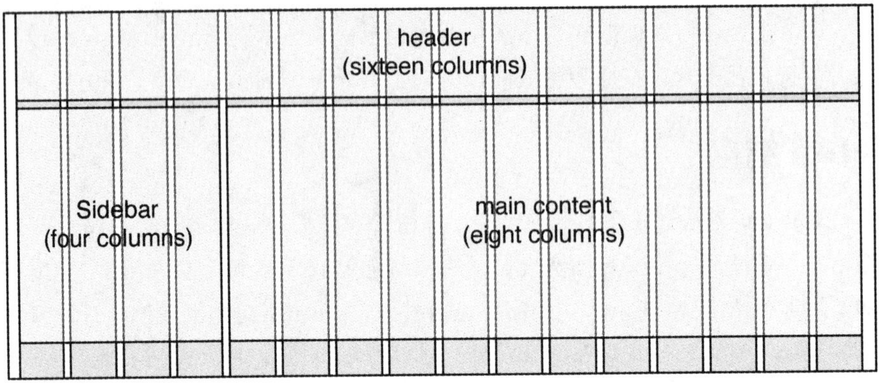

图 43 以 Skeleton 栅格来定义双栏布局

从定义页眉入手，它包括站点名称及属性地址，使用 HTML5`<header>`标签为边界。

```
cssgrids/index.html
<header class="sixteen columns">
  <h1>SpotFindr</h1>
  <h3>123 Fake Street, Anytown USA 12345</h3>
</header>
```

文档使用`<section>`、`<header>`及`<footer>`等 HTML5 标签，因为页面基于 Skeleton 模板，`<head>`区块包括流行的 HTML Shiv 库[2]，拥有此库，可在旧版浏览器中设置这些元素。

接下来，定义页面左边栏，它介绍标价及简短属性。使用`<section>`标签在此区域延展页面，为它定义 8 行宽度：

```
cssgrids/index.html
<section id="datasheet" class="eight columns">
  <h2 class="price">$109,900</h2>
  <p>
    Simple single-family home on the north side, within walking
    distance to schools and public transportation. New roof in 2005,
    central air in 2006. New windows and doors in 2010. Ready for you to
    move in!
  </p>
</section>
```

---

2 http://code.google.com/p/html5shiv/

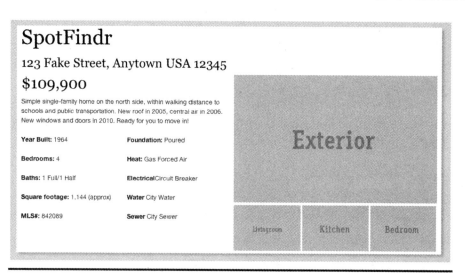

图 44　完成页面

现在来定义右侧边栏。我们在之前的 `<section>` 标签后，快速定义另一区域。至下行时，Skeleton 会自动左对齐，直至 16 列满列。

因为没有图片，我们以 Placehold.it[3] 生成的占位图来代替。使用简单的 API 便可为原型生成图片，点击其站点即可获得。例如，将"Bedroom"文字插入一张 460 像素*200 像素的图片：

```
<img src="http://placehold.it/460x200?text=Bedroom">
```

原型有四张图片，用如下代码嵌入：

cssgridscssgrids/index.html
```
<section class="eight columns">
  <img class="scale-with-grid"
       src="http://placehold.it/460x280&text=Exterior"
       alt="Exterior of house">
  <img src="http://placehold.it/150x100&text=Livingroom"
       alt="Livingroom">
  <img src="http://placehold.it/150x100&text=Kitchen"
       alt="Kitchen">
  <img src="http://placehold.it/150x100&text=Bedroom"
       alt="Bedroom">
</section>
```

---

3 http://placehold.it

当缩小浏览器窗口或以较小的设备查看页面时，我们想让大图也可以并行绽放。如果为图片应用 `scale-with-grid` 类，Skeleton 即可裁剪图片，减少其宽高以适应现有空间。

唯一需要实现的是，框内两栏数据，将它放在左侧边栏段落之下，在早前创建的左边栏里进行定义。

栏目嵌套

可见，左栏及右栏只有一行信息。因为 Skeleton 可浮起栏目内文，右栏的照片排列得非常棒，但不能长期依赖它。有时也需要在列中详细定义新行。

通过在左栏中指定 `row` 这个类，使其处在 `<p>` 闭标签的下方。

cssgrids/index.html
```html
<div class="row">
</div>
```

这个"clears the floats"强制元素在新行开始。此元素内，可定义新行。因为在 8 列区域内工作，可以将新列定义为 4 个列宽：

cssgrids/index.html
```html
<div class="row">
  <div class="four columns alpha">
    <p><strong>Year Built:</strong> 1964</p>
    <p><strong>Bedrooms:</strong> 4</p>
    <p><strong>Baths:</strong> 1 Full/1 Half</p>
    <p><strong>Square footage:</strong> 1,144 (approx)</p>
    <p><strong>MLS#:</strong> 842089</p>
  </div>
  <div class="four columns omega">
    <p><strong>Foundation:</strong> Poured</p>
    <p><strong>Heat:</strong> Gas Forced Air</p>
    <p><strong>Electrical</strong>Circuit Breaker</p>
    <p><strong>Water</strong> City Water</p>
    <p><strong>Sewer</strong> City Sewer</p>
  </div>
</div>
```

Skeleton 在每列四周添加细小边界以产生一定的宽度。在列中定义列时，需告之 Skeleton 无需为新列添加额外边际。

行内第一列添加 `alpha` 类即可实现，它可移除左侧边界，并在行末添加 `omega` 类，它可移除右侧边界。

花费少量时间，就能拥有很棒的视觉效果。屏幕缩放时，看到元素被重置，如图 45 所示。窗口边界阴影添加完毕即完成此原型，但它仅在全尺寸版本中显示。

以 Media Queries 设置样式

`stylesheets/layout.css` 文件包括占位符及媒体呼应（media queries），因此我们可定义布局效果。添加边界时，以 site style 定位文件的起始位置，设定页面背景色为灰色，容器背景色为白色，并添加浏览器支持的容器阴影。

cssgrids/stylesheets/layout.css
```css
/* #Site Styles
================================================ */
body{
  background-color: #ddd;
  margin-top: 20px;
}
.container{
  background-color: #fff;
  -webkit-box-shadow: 5px 5px 5px #bbb;
     -moz-box-shadow: 5px 5px 5px #bbb;
       -o-box-shadow: 5px 5px 5px #bbb;
}
```

桌面浏览器上的阴影效果很棒，但在移动设备上观看就需要防止内文溢出。添加一系列代码至样式表，加入"Anything smaller than standard 960 section"使其样式表消失：

cssgrids/stylesheets/layout.css
```css
/* Anything smaller than standard 960 */
@media only screen and (max-width: 959px) {
  body{
    background-color: #fff;
  }
  .container{
    background-color: #fff;
```

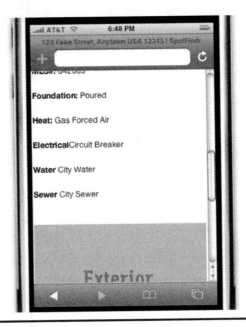

图 45　iPhone 显示页

```
    -webkit-box-shadow: none;
     -moz-box-shadow: none;
      -o-box-shadow: none;
  }
}
```

手机浏览器或小屏幕演示时，可移除刚才添加的样式。可以为不同尺寸展示制定多个自定义效果，它由 Skeleton 提供。

深入研究

Skeleton 的默认模板值得一看，它从 JavaScript 和 CSS 的最佳实践起步。例如，它由 Google CDN 加载 jQuery，使用协议相关方案并行支持 HTTP 及 HTTPS[4]。它还支持老版本 IE 的条件评注，针对此类浏览器并加入固定版本特性。我们可以通过添加 Respond.js[5] 来支持 IE 媒体访问。

---

4 http://paulirish.com/2010/the-protocol-relative-url/
5 https://github.com/scottjehl/Respond

> **Joe 问：**
> **我们可用此框架混合设计及展示吗？**
>
> 当然可以！"四列"类中有 `<div>` 且需要重新整理元素时，就得处理这些标签。所以，纯粹主义者会认为该理论不怎么样。其实它比 `class="redImportantText"` 强，能展示两倍的内容。
>
> 然而，许多站点重设计时都会包含既存结构碎片的样式，并通过 scratch 创建新的布局，所以模板及其相关样式重用的理论意义远大于实践。此类系统，为提高效率，需要更严格地对待语义标签。本秘方中的 Skeleton 框架非常棒，可快速构建页面原型，甚至无需将此成本计入实际站点的开发费用。
>
> 如果你不喜欢此种方式，倾向以系统实现代替人为制作，则可转向研究 Compass，它可抽象栅格系统的样式表框架[a]。Compass 使用 Saas 创建样式表，我们将在 28 号秘方中讨论它。
>
> ---
> a. http://compass-style.org/

Skeleton 包括一个非常简单的 tabs 实现（见 7 号秘方），它为许多 HTML 格式域提供漂亮样式。

若结合 Skeleton 与另一选择性标记式语言 HAML[6]，则可实现比 HTML 更快的布局创建。HAML 是个 Ruby 库，它支持内嵌短记号书写 HTML。HAML 样式如下：

`cssgrids/index.haml`
```
.container
  %header.sixteen.columns
    %h1 SpotFindr
    %h3 123 Fake Street, Anytown USA 12345
  %section.eight.columns
    %h2.price $109,900
    %p
 Simple single-family home on the north side, within walking...
  %section.eight.columns ...
```

---
6 http://haml-lang.com/

HAML 没有闭标签，因为它有缺口定义，其类语法参见 CSS。可以将 HAML 转换成标准 HTML，这样便可在浏览器中使用。搭配 Saas，使用 HAML 和类 Skeleton 库，我们将在 28 号秘方中讨论如何快速创建部署产品页面。

另请参考
Also See

- 36 号秘方　使用 Dropbox 来托管静态站点
- 42 号秘方　使用 Jammit 和 Rake 自动化部署静态网站
- 28 号秘方　以 Sass 搭建模块化样式表

27 号秘方　以 **Jekyll** 创建简单 **Blog**
Creating a Simple Blog with Jekyll

问题
Problem

我们想要搭建博客，但服务器资源有限，使得无法访问数据库，也无法运行 PHP 代码。这种情况下，WordPress 及 Drupal 无法作为解决方案。需要跨过这些阻碍来搭建可管理的博客。

工具
Ingredients

- Ruby 解释程序
- Jekyll 类库[7]

解决方案
Solution

搭建博客无需服务器，可以使用静态网站生成器（static site generator）。静态网站生成器可通过重用界面代码快速搭建静态站点。Jekyll 是搭建博客的一种框架，它基于快速、可操作的文件系统、表格页及内文，有着快速便捷的布局系统，而且并不主打日常博主，是一类完全符合推理概念及技术人士所期待的快速简便、无服务器后端负载的博客。

下面使用 Jekyll 搭建一个音乐博客以分享每日音乐所得。

安装 Jekyll

依照秘方，在系统中安装 Ruby 和 Rubygems，可查阅附录 1 的相关介绍。安装 Jekyll 需运行以下命令：

```
gem install Jekyll
```

gem 执行站点搭建。

---

[7] http://jekyllrb.com/

搭建文件结构

Jekyll 依赖于特定文件及文件夹结构。它需要 `layout` 和 `posts` 两个文件夹，一个 index 页面和一个配置文件。打开新的 Shell 文件并创建下列文件：

- _layouts/
- _posts/
- index.html
- _config.ym

应用配置文件自定义站点如何搭建，即使是空白的，站点搭建依然是正确的。

使用布局

从 Index 页面列出的最新内容入手。Jekyll 页面可内嵌至布局，创建布局并重用至每个页面。我们可以很简单地在一个文件中更改整个博客 HTML 页。在 `layouts` 文件夹中，创建 `base.html` 文件，将其填充为标准 HTML 文档。

```
creatingablog/_layouts/base.html
<!DOCTYPE html>
<html lang="en">
  <head>
    <title>My Music Blog</title>
  </head>
  <body>
    <header>
      <h1>My Music Blog</h1>
    </header>
    <section id="posts">
      {{ content }}
    </section>
  </body>
</html>
```

Jekyll 使用流畅的模板语言[8]创建动态页面。模板标签以双花括号环绕。在这里，其他布局文件或内容文件由 `base.html` 布局以`{{content}}`区域格式插入。其他模板标签稍后会使用。

---

[8] http://www.liquidmarkup.org/

基础界面创建完毕，现在转去创建主页相关页面。在根目录定义了 index.html 文件内文。流畅模板语言（liguid template language）提供了迭代器给我们，在每次发布创建标记时使用。展示这些内容，并为其创建无序列表：

creatingablog/index.html
```
---
layout: base
---

<ul>
  {% for post in site.posts %}
    <li>
      <!-- link to the post -->
    </li>
  {% endfor %}
</ul>
```

前三行代码定义包括 YAML 前页的部分，它是 Jekyll 在页前元数据中需找到的一个特殊部分。如 JSON 一样，YAML[9]是人可读格式的强数据模式编程语言。前页由三个连字符表示开始和结束，以此告之 Jekyll 页面文件是 base.html。大部分文件会在 base.html 文件中提交。

creatingablog/index.html
```
<li>
  <a href="{{ post.url }}">{{ post.title }}</a>
</li>
```

此遍历中，有一个名为 post、包含永久链接的模板标签。

创建通讯

主页可以展示内容了，但并没有写入任何内容。可以用 Jekyll 以标记语言（如 Markdown、Textile 或标准 HTML）来写。现在，选用 Markdown 来编写，因为它简单易读。标志语言的选择很灵活，但需遵守严格的命名规则，命名 post 文件时，通常以数字开头，紧随标题，然后须用连字符将其与标题分开：

```
2011-08-12-my-first-post.markdown
```

---

[9] http://yaml.org/

通信文件置于_post文件夹中。创建这个文件，并使用今天的日期。

只因 index.html 需要 YAML，内容文件也需要它。使用 section 定义布局并给出可读的标题。我们并未为显示内容创立单独的内容，之后会开始。我们使用基础布局至今，发送内文布局时也是如此。

```
---
layout: base
title: My First Post
---
Thank you for viewing my music blog! I plan to
write every day about how much I love and enjoy music.
```

搭建站点

搭建站点，即在 gem 包中运行 jekyll 命令。它创建静态文件并将其置入 _site 文件夹中。在站点根目录下运行下列命令：

```
$ jekyll
```

开发博客时，是手动处理文件。jekyll 用 --server 选项完成这一功能。

```
$ jekyll -server
```

它会创立站点并在 4000 端口开启 WEBrick 服务器。打开浏览器导航，键入 http://localhost:4000 即可查看该站点。

博客展示一系列内容，我们创建并允许查看每一个内容，如图 46 所示。

按下组合键"Ctrl+C"即可停掉服务。每次编辑站点或浏览器内文产生变化时，均需重新编译站点并重启服务器。注意，此服务器仅用于开发，而部署时则使用_site文件夹生成的文件。

单一内容布局

跟随内容链接，会注意到内容只提供语言，但并未给出更多发送信息。在布局文件夹中创建 post.html，用来展示内容标题。

My Music Blog

- My First Post

图 46 我们的主页

creatingablog/_layouts/post.html
```
---
layout: base
---

<article class="post">
  <h2>{{ post.title }}</h2>
  {{ content }}
</article>
```

完成前，需告之内容使用内容布局。通过编辑之前创建的内容文件即可变更界面。新内容细节如下：

creatingablog/_posts/2011-08-12-my-first-post.markdown
```
---
layout: post
title: My First Post
---

Thank you for viewing my music blog! I plan to write
every day about how much I love and enjoy music.
```

重新编译站点并重启服务器，即可导航至内容并查看标题。

工艺布局

Jekyll 是设计友好型系统。可在布局中使用 CSS 和图片，且内容简单。在根目录下所建的任何文件和文件夹均自动在站点内生成。为活跃主页，加入外部 CSS 文件。在根目录下创建名为 css 的文件夹，并在其内建立 style.css 文件。

下面为活跃博客写些简单的样式。

> **Joe 问：**
> **可以在根目录下不包含文件或文件夹吗？**
>
> 当然可以！如果你想保持 Photoshop 文件这类原始文件，在同样的文件夹，但不愿意将其上载至服务器，可以通过写入 `_config.yml` 文件告诉 Jekyll 排除这些文件，如秘方最初提及的。
>
> 不包含文件，可使用配置文件的 exclude 选项。这个选项要求忽略列中的文件及目录。在 `_config.yml` 中键入配置选项即可。
>
> ```
> exclude:
>   - images/psd/
>   - README
> ```
>
> 欲见更多配置选项内容，请参见 Jekyll 的 wiki。[a]
>
> ---
> a. https://github.com/mojombo/jekyll/wiki/Configuration

`creatingablog/css/styles.css`
```css
body {
  background: #f1f1f1;
  color: #111;
  font-size: 12px;
  font-family: Verdana, Arial, sans-serif;
}

ul {
  list-style: none;
}
```

最后，我们需要修改 `base.html` 以加载样式表。

`creatingablog/_layouts/base.html`
```html
<link rel="stylesheet" href="/css/styles.css"
    type="text/css" media="screen" charset="utf-8">
```

重编译站点时，可以看到 css 文件夹已在其中。在浏览器停止页面，可以看到如图 47 所示的完成页面。

图片及 JavaScript 文件也应用相同概念。创建文件夹并为之命名，如 `images` 及 `js` 代表着其内的文件。

图 47 完成页面

静态页面

除了用 Jekyll 创建博客,还可以使用相同的布局及模板系统创建静态页面。页面机制与内容一样,拥有标题、布局且可使用的模板标签。

创建静态页面,并重用遍历内容布局。此工作先将 post.html 重命名为 page.html,然后使用模板标签编辑 HTML 文件。

creatingablog/_layouts/page.html
```
---
layout: base
---

<section class="post">
  <h3>{{ page.title }}</h3>
  {{ content }}
</section>
```

Jekyll 将一切视为页面,我们为页面内容使用模板标签,但因为重命名过布局,打破之前的内容,我们不得不改变页面内容以供显示。

布局更新完毕后,遍历静态页面。在根目录创建 contact.markdown 文件,此文件需要 YAML 定义界面及页面标题。

creatingablog/contact.markdown
```
---
layout: page
title: Contact
---
```

```
If you would like to get in contact with me,
send an email to
[johnsmith@test.com](mailto:johnsmith@test.com).
```

Jekyll 创建基于 Markdown 页面的静态页，`contact.markdown` 生成 `contact.html` 文件。我们在 index 页面中创建链接。

```
<a href="/contact.html">Contact Me</a>
```

现在博客已经完工，接下来用 _site 文件夹将其部署至服务器，通过运行 Jekyll 命令生成。

深入研究
Further Exploration

如果你已经使用 WordPress，Drupal 或其他博客框架，Jekyll wiki 中的信息会告诉你如何将其转换并以 Jekyll 形式封装。同样，它也有内置的语法高亮显示、云标签等多种特性供你使用。想要了解更多详尽信息请参见 Jekyll GitHub 页面[10]。

另请参见
Also See

- 36 号秘方　使用 Dropbox 来托管静态网站
- 26 号秘方　使用栅格快速有效地进行设计
- 42 号秘方　使用 Jammit 和 Rake 自动化部署静态网站

---

[10] https://github.com/mojombo/jekyll/wiki

秘方 28　以 Sass 搭建模块化样式表
Building Modular Style Sheets with Sass

问题
Problem

Web 开发者严重依赖样式表来创建抢眼的接口、可用的界面及可读的版式。它非常强大，可仍然具有可观的发展空间。程序新手沮丧于 CSS 无法提供一些功能实现，诸如可减少复制的变量及方程，所以他们转向 JavaScript 及 jQuery 以填补空缺。CSS 确实无法提供此类特性，但我们可以使用 Sass 工具所提供的高级特性来生成 CSS。

工具
Ingredients

- Sass[11]

解决方案
Solution

使用 Sass 搭建的样式易于维护和创建。Sass 应用 CSS 并将其扩展，可给予我们期待的 CSS 特性，如变量及代码重用。使用 Sass 扩展 CSS 语义、撰写代码并预编译浏览器可识别的普通 CSS。Sass 标准语义支持 CSS3，想要过渡至 Sass 仅需简单地将 `style.css` 命名为 `style.scss`。

我们用 1 号秘方、2 号秘方来设计按钮样式，这创建了大量重复代码。我们可以使用 Sass 特性搭建样式并在按钮及对话泡泡间共享，稍后收集这些片段至页面主样式表。我们未谈及 CSS 代码如何在此秘方中工作，欲知详情，请参考其他秘方。

---

[11] http://sass-lang.com

创建 Sass 项目

Sass 通过预编译转换为标准 CSS 文件。有些图形化工具也可用于此转换中，但需要预先使用 Ruby 写成的原始命令行工具。以如下命令行格式安装预编译：

```
$ gem install sass
```

因为只有标准 CSS 文件能在浏览器中工作，我们创建两个文件夹：一个为存放 Sass 文件，另一为 CSS 预留。继而调用 sass 文件夹及样式表。

```
$ mkdir sass $ mkdir stylesheets
```

sass 命令行工具用于监控由 Sass 文件至 CSS 文件的转变。sass 文件夹及其输出文件位置样式表文件夹如下：

```
$ sass --watch sass:stylesheets
```

它将查看文件直至重启计算机或按下组合键 "Ctrl+C"。

所有这些都是在设定项目。现在来看其中之一最简洁也最有效的 Sass 特性：变量。

使用变量及导入

按钮有着背景色和边框色。使用 CSS 时，通常在样式表中不断使用同样的 HTML 色码，这使得颜色改变非常困难。在 JavaScript 等编程语言之中，变量解决了这一问题。标准 CSS 无此特性，但 Sass 却拥有它，且易于使用。

在 sass 文件夹中创建 `style.scss` 文件。在新文件顶端添加两个变量，一为背景色，另一为边框色：

sass/sass/style.scss
```
$button_background_color: #A69520;
$button_border_color: #282727;
```

Saas 中，变量以美元符号开始，它的赋值方式与 CSS 属性一样。

为使代码易于管理，以单独文件_button.scss 定义 CSS 按钮，并存放于 sass 文件夹中。用带下划线的命令方式告诉 sass 它不是本身的样式表。所以文件不直接生成 CSS 文件。在文件中为按钮填入基本样式，使用边框色及背景色这两个变量。

sass/sass/_buttons.scss
```
.button {
  font-weight: bold;
  background-color: $button_background_color;
  text-transform: uppercase;
  font-family: verdana;
  border: 1px solid $button_border_color;
  font-size: 1.2em;
  line-height: 1.25em;
  padding: 6px 20px;
  cursor: pointer;
  color: #000;
  text-decoration: none;
}

input.button {
  line-height: 1.22em;
}
```

用 @import 语句在 style.css 中导入指定的 sass 文件。

sass/sass/style.scss
```
@import "buttons.scss";
```

处理文件时，Sass 编译器看到 @import 语句，随即导入内容，并创建 CSS 文件。这在开发过程中卓有成效，我们仍然可用减少重用的方式来继续改进。

应用 Mixins 分享代码

按钮和对话泡泡都具有渐变背景和倒角。当用户滑过按钮时有不同的渐变背景定义。这些渐变及倒角属性需要一系列 CSS，因为必须去支持不同的浏览器。与此同时，按钮也需要阴影定义，我们也期待向本页其他有阴影的元素共享此段代码。

以 mixins 来定义规则即可跨样式定义共享。创建名为_mixins.sccs 的文件并保持 mixins 定义，之后由 import 语句导入 style.css 文件。

```
sass/sass/style.scss
@import "mixins";
```

在_mixins.scss中，先为倒角定义 mixin。 mixin 看起来像是以 JavaScript 定义的函数，圆括号包含参数，大括号包含函数。

```
sass/sass/_mixins.scss
@mixin rounded($radius){
        border-radius: $radius;
    -moz-border-radius: $radius;
  -webkit-border-radius: $radius;
}
```

mixins 声明完毕，用@include 将其添加至_button.css 中的.button 定义。

```
sass/sass/_buttons.scss
@include rounded(12px);
```

它符合所有的 CSS 规则。

接下来，为渐变背景创建 mixin，这个过程有些复杂。

```
sass/sass/_mixins.scss
@mixin gradient($color1, $color2, $alpha1: 100%, $alpha2: 100%){
  background:
    -webkit-gradient(linear, 0 0,
                     $alpha1, $alpha2,
                     from($color1), to($color2));
  background: -moz-linear-gradient($color1, $color2);
  background: -o-linear-gradient($color1, $color2);
  background: linear-gradient(top center, $color1, $color2);
}
```

Google Chrome、Safari 等基于 WebKit 的浏览器及许多移动设备支持透明渐变，我们也将 mixin 作为参数。按钮样式未使用透明度渐变，但对话泡泡应用了它，其默认值为 100%。这样，_button.scss 文件中便包含了 mixin。

```
sass/sass/_buttons.scss
@include gradient(#FFF089, #A69520 );
```

滑过按钮时，调用渐变代码。来看一下 Sass 如何处理伪类。

减少嵌入复本

标准 CSS 以重复选择器结束。为超链接定义样式表，以默认及滑过状态处理代码结束：

```
a{
color: #300;
}
a:hover{
  color: #900;
}
```

使用 Saas，可在父规则中定义嵌入伪类：

```
a{
  color: #300;
  &:hover{
    color: #900;
  }
}
```

此例嵌入并未节省输入，但有益于管理。

在 _button.scss 中，使用嵌入技术为 hover 伪类引入渐变 mixin。

sass/sass/_buttons.scss
```
&:active, &:focus {
  @include gradient(#A69520, #FFF089 );
  color: #000;
}
```

开发更为复杂的样式表时，需要嵌入动态效果以减少选择器，如下所示：

```
#sidebar a{
  color: #300;
}
#sidebar a:hover{
  color: #900;
}
```

into this:

```
#sidebar a{
  color: #300;
  &:hover{
    color: #900;
  }
}
```

这种方式为选择器应用嵌入，用以取代重复选择。

mixins 创建后，可以创建 _speech_bubble.scss 文件并定义此类：

sass/sass/_speech_bubble.scss
```scss
blockquote {
  width: 225px;
  padding: 15px 30px;
  margin: 0;
  position: relative;
  background: #faa;
  @include gradient(#c40606, #ffaaaa, 20%, 100%);
  @include rounded(20px);
  p {
    font-size: 1.8em;
    margin: 5px;
    z-index: 10;
    position: relative;
  }
  + cite {
    font-size: 1.1em;
    display: block;
    margin: 1em 0 0 4em;
  }
  &:after {
    content: "";
    position: absolute;
    z-index: 1;
    bottom: -50px;
    left: 40px;
    border-width: 0 15px 50px 0px;
    border-style: solid;
    border-color: transparent #faa;
    display: block;
    width: 0;
  }
}
```

调用第 7 行和第 15 行 mixins，使用 sass 嵌入支持保持代码易于整理，然后告诉 style.css 导入这些新文件：

sass/sass/style.scss
```scss
@import "speech_bubble.scss";
```

完成之前，来看一下 Sass 包策略最后的条目——遍历。

以遍历生成 CSS

回顾代码的 CSS 实现，可以看到大量代码用于完成按钮阴影效果。

与圆倒角代码一样，需要为不同浏览器声明数次。手工完成它，可以使用循环代码。在 _mixins.sccs 中，加入此代码：

```
sass/sass/_mixins.scss
@mixin shadow($x, $y, $offset, $color){
  @each $prefix in "", -moz-, -webkit-, -o-, -khtml- {
    #{$prefix}box-shadow: $x $y $offset $color;
  }
}
```

这段代码在生成 CSS 属性之前遍历浏览器。首次进入以空字符串为前缀，因为 box-shadow 需要被包含在此列表中，用于指定 CSS 版本。

而后，在 _button.scss 中应用阴影。

```
sass/sass/_buttons.scss
@include shadow(1px, 3px, 5px, #555);
```

一如我们的工作，Saas 命令用以聚合各种单独的样式表，处理页面中的 style.css 文件。Sass 文件在代码仓库中非常易于管理。

深入研究
Further Exploration

Sass 性能强劲，样式表的其他应用也非常广泛。本秘方中，我们管理少量的 CSS，这一管理系统需要大量样式表。可定义自己的 mixins 库并在站点不同功能间共享，即可使用变量保存尺寸、颜色和字体。

Sass 仅是一个开始。而后，基于 Sass 的 CSS 框架，均可应用栅格系统及 CSS3 预装的 mixins[12]。

---

12 http://compass-style.org/

> **两种语法的故事**
>
> Saas 拥有两种语法——此秘方中使用的 SCSS 语法,另一通常指为"交错 sass"或"经典 sass"。它使用印压并针对开发者使用简洁明了的 CSS 标准来代替花括号。同样排除定义半冒号。sass 样式表为 sidebar 及 main 区域定义不同的链接颜色,使用可变更的语义:
>
> ```
> #sidebar
>   a
>     color: #f00
>   &:hover
>     color: #000
> #main
>   a
>     color: #000
> ```
>
> 你只需用 .sass 扩展名来替代 .scss,结果和工作流不会被改变。这些语法彼此协作并互相支持,全都基于你的选择。

亦请参见

- 1 号秘方　设计按钮及链接
- 2 号秘方　使用 CSS 设计评论
- 29 号秘方　以 CoffeeScript 清理 JavaScript
- 42 号秘方　使用 Jammit 和 Rake 自动化部署静态网站
- Pragmatic Guide to Sass[CC11]

29 号秘方 以 CoffeeScript 清理 JavaScript
Cleaner JavaScript with CoffeeScript

问题
Problem

JavaScript 作为 Web 编程语言经常难以理解，代码不易写并难处理。它的规则和语法常使开发者一头雾水，不明所以，从而导致生产率大幅降低。可 JavaScript 四处可见，我们不能简单粗暴地将它移除，以另一语法更佳的语言取代，但可以用其他语言生成优美、标准且易于处理的 JavaScript 代码。

工具
Ingredients

- CoffeeScript[13]
- Guard[14] 及 CoffeeScript[15] 扩展
- QEDServer

解决方案
Solution

CoffeeScript 允许以更简洁的格式编写 JavaScript，此格式类似 Ruby 及 Python。而后代码由解释程序运行，解释成可在页面使用的标准 JavaScript。添加解释程序至开发过程的付出与提高的生产率相比，绝对物超所值。

例如，我们不会突然忘掉分号或花括号，也不会忘记适时声明变量。CoffeeScript 可以做的不仅于止，我们可以更专注于解决问题。

以 jQuery 测试 CoffeeScript 从商店 API 中取出产品。使用测试服务器已在 14 号秘方中有所介绍。

---

13 http://coffeescript.org/
14 https://github.com/guard/guard
15 https://github.com/netzpirat/guard-coffeescript

CoffeeScript 是其自己的语言，这意味着需要学习新的变量及程序声明语法。它的网站和 Trevor Burnham 的《CoffeeScript: Accelerated JavaScript Development》[Bur11]解释了诸如此类的基础问题，下面继续学习几个 CoffeeScript 的基础概念。

CoffeeScript 基础

CoffeeScript 语法的设计与 JavaScript 的类似，但干扰更少。例如，JavaScript 的函数声明如下：

```
var hello = function(){
  alert("Hello World");
}
```

CoffeeScript 这样呈现：

```
hello = -> alert "Hello World"
```

无需以 var 关键字声明变量。CoffeeScript 找出要声明的关键字并在合适位置为其添加 var 语句。

CoffeeScript 以 -> 符号代替 function 声明，函数参数位于 -> 符号前，函数内容紧随其后，不带花括号。若函数内文超过一行，以缩进表示，请见：

```
hello = (name) ->
  alert "Hello " + name
```

CoffeeScript 有着许多强大的特性，这些使得这种转换成为可能：

```
$(function() {
  var url;
  url = "/products.json";
  $.ajax(url, {
    dataType: "json",
    success: function(data, status, XHR) {
      alert("It worked!");
    }
  });
});
```

至：

```
$ ->
url = "/products.json"
$.ajax url,
  dataType: "json"
  success: (data, status, XHR) ->
    alert "It worked!"
```

CoffeeScript 代码易于阅读，且编写耗时更少。如有语法错误，会在将 CoffeeScript 转换至 JavaScript 时发现它，这意味着无需花时间在 Web 浏览器中查错。

安装 CoffeeScript

运行 CoffeeScript 有很多种方法，最简单的是通过浏览器测试。此方式运行 demo 时无需额外的安装。下载 CoffeeScript 解释程序[16]并在 Web 页面包含以下内容：

coffeescript/browser/index.html
```html
<script
src="http://ajax.googleapis.com/ajax/libs/jquery/1.7/jquery.min.js">
</script>
<script src="coffee-script.js"></script>
```

将 CoffeeScript 代码置于<script>标签，如下所示：

coffeescript/browser/index.html
```html
<script type="text/coffeescript">
$ ->
 url = "/products.json"
 $.ajax url,
   dataType: "json"
   success: (data, status, XHR) ->
     alert "It worked!"
</script>
```

因为 Web 浏览器不知如何处理<script>元素之中的 text/coffeescript，所以将其忽略，但在页面中包含 CoffeeScript 解释程序就不一样了，它找到<script>标签并评估其内容。浏览器执行时，将作为结果的 JavaScript 代码写入页面。CoffeeScript 解释程序以 CoffeeScript 写成，而后编译至 JavaScript。

---

16 http://jashkenas.github.com/coffee-script/extras/coffee-script.js

浏览器内置极具有实验性，但它并不是在产品中铺开，因为 CoffeeScript 解释程序很大，单机上解释 CoffeeScript 会变慢。想在页面处理 JavaScript 前，将 CoffeeScript 文件转换，就需要良好的工作流。

用户通常并行安装 `Node.JS` 和 NPM[17]（Node 包管理器），以及 CoffeeScript 解释程序，也可以使用 Ruby。因为之前的秘方中用过 Ruby，知道其运行原理。假设已经按照附录 1 安装了 Ruby，则可键入以下命令：

```
$ gem install coffee-script guard guard-coffeescript
```

它安装了 CoffeeScript 解释程序和 Guard，当改变发生时，可将 CoffeeScript 文件自动转换成 JavScript 文件。我们用 `guard-coffeescript gem` 实现这一功能。

我们来新建项目并以 Demo 开始吧。

与 CoffeeScript 一同工作

将 QEDServer 和其产品管理 API 作为开发服务器。将所有代码放至 public 文件夹，随即开发服务器将为其服务，也可进行 Ajax 请求。

因为要将 CoffeeScript 文件转换为 JavaScript 文件，所以首先为这两类文件创建文件夹。

```
$ mkdir coffeescripts
$ mkdir javascripts
```

现在创建一个非常简单的 Web 页面加载 在 10 号秘方中学到的 Mustahe 库和 `app.js`，它们将会包含在代码之中，提取数据并将其展示至页面：

```
coffeescript/guard/index.html
<!DOCTYPE html>
<html lang="en">
  <head>
    <script
      src="http://ajax.googleapis.com/ajax/libs/jquery/1.7/jquery.min.js">
    </script>
    <script src="javascripts/mustache.js"></script>
```

---

[17] http://npmjs.org/

```
    <script src="javascripts/app.js"></script>
  </head>
  <body>
  </body>
</html>
```

将 mustache.js 放在 javascript 文件夹中,完工时,app.js 将由 CoffeeScript 生成。现在添加一个简单的 Mustache 模板至页面,用它来展示每个秘方。

coffeescript/guard/index.html
```
<script id="product_template" type="text/html">
  <div class="product">
    {{#products}}
    <h3>{{name}}</h3>
    <p>{{description}}</p>
    {{/products}}
  </div>
</script>
```

而后,创建 coffeescripts/app.coffee 文件。

coffeescript/guard/coffeescripts/app.coffee
```
$ ->
  $.ajax "/products.json",
    type: "GET"
    dataType: "json"
    success: (data, status, XHR) ->
      html = Mustache.to_html $("#product_template").html(), {products: data}
      $('body').append html
    error: (XHR, status, errorThrown) ->
      $('body').append "AJAX Error: #{status}"
```

用简单的 $ -> 取代 jQuery 中不太友好的 $(function(){}) 来定义文档。定义 URL 变量,调用 jQuery 的 AJAX() 方法,当获取反应并未将错误信息显示时遍历 Mustache 模板。逻辑和流控定义 JavaScript 的实现,但它只有少量几行。所以,代码不会运行,仍然需要生成 JavaScript 文件。我们通过 Guard 来完成它。

使用 Guard 转换 CoffeeScript

Guard 是可用来查看文件变化及响应改变任务处理的命令行工具。`guard-coffeescript` 插件给予 Guard 转换 CoffeeScript 的能力。

需要告诉 Guard 查看 coffeescript 下的文件改变并将其转换至 JavaScript 文件，放入 `javascripts` 文件夹。通过在项目根目录下创建 Guardfile 文件完成此工作，它告诉 Guard 如何处理 `CoffeeScript` 文件。可手动创建此文件或通过如下方法：

```
$ guard init coffeescript
```

然后打开新近生成的 `Guardfile` 文件并更改其 `input`、`output`（输入、输出）文件夹以指向我们的文件夹：

```
coffeescript/guard/Guardfile
# A sample Guardfile
# More info at https://github.com/guard/guard#readme
guard 'coffeescript', :input => 'coffeescripts', :output => "javascripts"
```

现在由 `shell` 运行 `Guard`，并查看 `coffeescripts` 文件夹的变化：

```
$ guard
Guard is now watching at '/home/webdev/coffeescript/public/'
```

保存 `coffeescripts/app.coffee` 文件时，Guard 会注意到变化并将 CoffeeScript 转换至 JavaScript：

```
Compile coffeescripts/app.coffee
Successfully generated javascripts/app.js
```

查看 `http://localhost:8080/index.html` 页面时，一切正常！若检查生成的 `app.js` 文件，会看到所有需要的花括号、圆括号及引号各归其位。使用工作流可以编写更棒的 JavaScript，所以可以继续改变应用。完工时，可部署 `javascipts` 文件夹并将 `coffeescripts` 文件夹移入代码库。

深入研究

越来越多的 JavaScript 项目以 CoffeeScript 为开发平台，因它易于使用，并能提供像 Ruby 一样友好的语言功能，如列表遍历、字符解释。例如，在 JavaScipt 中可取代连接符：

```
var fullName = firstName + " " + lastName;
```

可以在双引号中使用#{}，如下所示：

```
fullname = "#{firstName} #{lastName}"
```

在#{}标签中的表达式被处理并转换至字符。

以数组、列表或条目工作时，我们经常如此编码：

```
var colors = ["red", "green", "blue"];
for (i = 0, length = colors.length; i < length; i++) {
  var color = colors[i];
    alert(color);
}
alert color for color in ["red", "green", "blue"]
```

开发者喜欢快捷键，可以使用 JavaScript 类库达成此目标，但这将导致终端用户下载额外代码，所以应尽量少地使用它。CoffeeScript 的输出是通用、标准的 JavaScript，一如随处工作的 JavaScript，且不需要额外的类库。

可以试着去实现一些本书所涉及的 CoffeeScript 实现秘方，以使 CoffeeScript 用起来更加顺手。

除 CoffeeScript 外，Guard 亦支持 Sass，在 28 号秘方中通过 `guard-sass` 实现。使用 Guard、Sass 和 CoffeeSciprt 协同工作为管理站点带来强大的工作流。若需要整合 CoffeeScript 至 Web 开发工作流，可以使用 MiddleMan 工具，它能以 Sass 和 CoffeeScript 创建静态站点[18]。整合这些自动部署策略，如同在 42 号秘方中所谈及的，它可以创建高效且愉快的开发体验。

另请参考
Also See

- CoffeeScript: Accelerated JavaScript Development [Bur11]
- 28 号秘方　以 Sass 搭建模型化样式表
- 14 号秘方　使用 Backbone.js 组织代码
- 42 号秘方　以 Jammit 和 Rake 自动部署静态网站

---

18 http://middlemanapp.com/

30 号秘方　以 Git 管理文件
Managing Files Using Git

问题
Problem

作为 Web 开发者，我们经常发现自己处于数种版本代码的权衡之中。有时需要试验最新且最棒的插件。而后，又在某一区域之中寻求新特性，随着工作的进展，这些特性因为需要修复 bug 而被淡化。我们使用多种版本控制工具，甚至保存文件复本。但这些文件故障频出，因为这些在本机难以维护和管理。所以需要快捷、自动和模式化的处理，有些我们可用其来管理代码，有些可以使用来协同其他部分。

工具
Ingredients

- Git[19]

解决方案
Solution

我们有着多种版本控制工具可供选择。Git 在开发者中极为流行，因其本地化特性而方便快捷，它比创建本地复本还要快。Git 允许多版本并行工作。可以保留更改，留出许多重存储点。这些特性使得它成为今天开源项目版本控制工具。

晨会中，老板对我们讲道，"我需要你做两个原型来展示上周的的成果并使用这些模板开发实用版本。而且，当你做这个时，我们还需要在即存站点中做一些 bug 修复。"

现在我们维护着三个版本的站点，使用 Git 管理这些文件并进行同步。

---

19 http://git-scm.com/

开启 Git

我们从安装 Git 开始。前往 Git 的网站[20]并下载适用于操作系统的最新版本。在 Windows 中运行时，若选择使用 Git Bash 代替命令行提示需使用 MsysGit[21]。

Git 追踪基于配置的 Git 用户名的更改。这样，易于发现何时有何改变。通过指定我们的名字和邮件地址来配置 Git。打开新的 shell 并键入以下内容：

```
$ git config --global user.name "Firstname Lastname"
$ git config --global user.email your_email@youremail.com
```

现在配置好了 Git，先来熟悉下基础内容。

Git 基础

从将项目提交至 Git 仓库开始。为 Web 项目创建名为 `git_site` 的文件夹并将其初始化为 Git 仓库。由命令行（Windows 系统则使用 Git Bash）键入以下内容：

```
$ mkdir git_site
$ cd git_site
$ git init
```

初始化目录之后，得到这一配置信息：

```
Initialized empty Git repository in /Users/webdev/Sites/git_site/.git/
```

它在文件根目录创建名为 `.git` 的隐藏文件夹。所有的历史及其他修改均在此文件夹中进行。Git 会追踪文件夹的修改并存储代码片断，但事先要告诉 Git 此文件需要被追踪。

我们把站点文件复制到 `git_site` 文件夹。你可以在 git 文件夹下找到这些源代码。

文件处理完成后，将其添加至仓库，即可回滚至错误位置。仅需使用下列命令来添加这些文件：

```
$ git add .
```

---

20 http://git-scm.com/
21 http://code.google.com/p/msysgit/

add 文件不展示任何内容，需要使用 git status。使用 Git status 命令可随时看到当前 Git 仓库的状态。

```
# On branch master
#
# Initial commit
#
# Changes to be committed:
#   (use "Git rm --cached <file>..." to unstage)
#
#       new file: index.html
#       new file: javascripts/application.js
#       new file: styles/site.css
#
```

这被称为"文件展示"。通过此方式，可以看到哪些即将被提交，哪些改变在提交至仓库前发生。文件展示意味着 Git 已做好查看改变的准备。一切顺利的话便可实际提交这些文件。

```
$ git commit -a -m "initial commit of files"
```

可使用两个参数 -a 及 -m，-a 告之 Git 想要添加所有的变化至索引，-m 特指提交信息。与其他版本的控制系统不同，Git 每次提交时需要提交信息。这对于追踪提交非常有效，所以可别轻看了这些提交信息。在提交结束后，会看到以下代码片段的确认信息：

```
                    [master (root-commit) 94c75a2] Initial Commit
1 files changed, 17 insertions(+), 0 deletions(-)
create mode 100644 index.html
create mode 100644 javascripts/application.js
create mode 100644 styles/site.css
```

以 git status 核查这些文件提交信息，运行它时，可以看到最新的状态：

```
# On branch master
nothing to commit (working directory clean)
```

现在有代码片段，它意味着可以开始追踪修改。

分支工作

分支允许为站点的多种特性工作。我们可有效地开发新特性并保持现有部署代码。不同于其他 VCS（版本控制系统），分支是非常简单且广为应用的新特性。

老板希望我们开始实现两种站点布局，其一为 `layout_a`，另一为 `layout_b`。我们先为 `layout_a` 创建一个分支。

```
$ git checkout -b layout_a
Switched to a new branch 'layout_a'
```

现在运行 `git status`，当前分支是 `layout_a`。在 `index.html` 文件中修改 `<h1>` 标签显示 Layout A 并将其保存。继续 `git status`，看到以下内容：

```
# On branch layout_a
# Changed but not updated:
#   (use "Git add <file>..." to update what will be committed)
#   (use "Git checkout -- <file>..." to discard changes in working directory)
#
#       modified:   index.html
#
no changes added to commit (use "Git add" and/or "Git commit -a")
```

向 `layout_a` 分支提交修改。

```
$ git commit -a -m "changed heading to Layout A"
```

在我们的分支上工作时，老板发邮件告之"首页声称提供一天制航运。但我们不再提供此航运推广，需要其改成 2 天制航运，而且现在就要修改，以防他人拥有这个选项！"此时我们回到主干并修改它。

```
$ git checkout master
```

打开 `index.html`，不会看到在 `layout_a` 中所做的文字修改。这些修改是在另一分支上做的，取代文件转移，仅需要在更改分支时让 Git 知道。在主页上做老板要求的修改，并将其提交至主分支。

```
$ git commit -a -m "fixed shipping promotion from one day to two-day"
[master d00d2de] fixed shipping promotion from one day to two-day
 1 files changed, 1 insertions(+), 1 deletions(-)
```

在主分支上进行的更改，换到其他分支时，就无法再查看更改，特别是在不小心丢失了这些修改的情况时，所以将修改保存至 layout_a 分支，并继续在此布局上工作。

```
$ git checkout layout_a
$ git merge master
```

它并未在 layout_a 上进行任何修改，只是将主分支上的改变应用到 layout_a 分支。

接下来，为 layout_b 选项创建分支。希望此分支基于当前产品站点，而不是 layout_a 版本，所以还需要切换至主分支并继续创建 layout_b 分支。

```
$ git checkout master
$ git checkout -b layout_b
```

此时修改<h1>标签内文至"Layout B"，并保存修改。

```
$ git commit -a -m "Changed heading to Layout B"
```

此布局版本需要添加 products.html 及 about_us.html 文件。创建这些文件并在声明时注明它们。

```
$ touch products.html
$ touch about_us.html
$ git add .
```

查看 git 状态，就可以看到两个文件已经存在了。

```
# On branch layout_b
# Changes to be committed:
#   (use "Git reset HEAD <file>..." to unstage)
#
#       new file: about_us.html
#       new file: products.html
#
```

提交这些文件。

```
$ git commit -a -m "added products and about_us, no content"
```

现在添加<h1>至 products.html，设计其内文包含"Curent Products"。

如此运行时，便可以邮件告之老板"我们可以将主页改变完成时间压缩至一天，我们与大型航运公司结单了。尽可能修改它！"

> **Joe 问：**
> **为何如此频繁提交改变？**
>
> 试想你项目的快照提交及重存储点。项目的快照提交得越多，Git 就具有越强大的可伸缩性。如果提交较少并专注于特定特性，可以使用 Git 的 "cherry-pick"，它允许从一个分支提交并应用至其他分支。如果许多小提交让你感到繁杂，当完成新特性时，可以将提交压缩打包并使用 rebase。

我们需要修改它并快速推出。然而，我们还未准备好将完工内容提交。

Gits 的 `stash` 命令意指此类情况。可以使用 `stash` 来存储变更分支时的修改。Stashe 是个很棒的方式，无需实际提交便可存储日常工作。

`$ git stash`

现在如果运行 `Git status`，会看到无提交改变。让我们转回至主分支：

`$ git checkout master`

现在可将航运信息写入 `index.html` 并提交改变。

`$ git commit -a -m"updated shipping times"`

此刻以 `Git checkout layout_b` 回到 `layout_b` 分支并探索一下 `stashes` 可以做什么。我们看到 `stashes` 可以在 `Git stash list` 命令中使用：

`$ git stash list`
`stash@{0}: WIP on layout_b: f8747f4 added products and about_us, no content`

当打开 `products.html` 时，可知它是空的。让我们将修改的文件回滚，使用下面这个命令：

`$ git stash pop`

再看 `products.html` 文件时，之前添加的 `<h1>` 标签回归了。

在若干布局妙计（及一些其他有趣的娱乐）之后，老板决定以 layout_b 为最佳选项并将它融入产品。我们将此工作合并至主干。

```
$ git checkout master
$ git merge layout_b
$ git commit -a -m "merged in layout_b"
```

在传统版本控制系统中，在仓库里留下模糊分支是非常普遍的。Git 与之不同的是，每个分支及标签适用于一次提交。有了 Git，当我们删掉一个分支时，Git 并未移除任何提交内容，它仅移除引用。我们需要合并修改至主干，需要删除开发用的分支。首先用 git branch 命令查看当前分支。它显示我们在主干上并列出 layout_a 及 layout_b。删除这些分支，如下所示：

```
$ git branch -d layout_a
$ git branch -d layout_b
```

Git 会告诉我们分支是否未被合并至当前分支。重复使用-D，强制删除分支。

与远程仓库一起工作

至此仅在本地仓库工作。在版本控制下保存本地代码非常棒，远程仓库允许联合其他代码并在两地保存代码。

我们在开发虚拟机上开启远程 Git 服务，参见 37 号秘方。这可以保存其他步骤，需在使用 SSH 密钥登录或传输文件时键入密码。创建 SSH 密钥并将其放置服务器，这一举措允许随时无需密码快速验证需要推送至远程仓库的内容。

SSH 密钥包括两大部分：保存的私钥和给另一服务器的公钥。登录至另一服务器时，检验密钥是否被授权，而后本地系统以私钥匹配公钥证实身份。在 Git 中，握手过程在登录流程中全程透明。

进行下一步之前，需要检查系统是否拥有任意 SSH 密钥，并尝试改变目录至 ~/.ssh。如果得知此文件夹并不存在，则需要生成密钥。如果看到了 id_rsa 及 id_rsa.pub，那已然拥有密钥，略过此步即可。

用 ssh-keygen 命令生成新的 SSH 密钥。发送我们的邮箱地址，它将做为注释内文置入密钥。

```
$ ssh-keygen -t rsa -C "webdev@awesomeco.com"
```

这个注释将帮助我们或其他服务器管理者，在其加载至服务器时快速确认谁拥有此密钥。

程序将要求预备位置以存储 SSH 密钥，只需简单键入密钥并保存其至默认位置。它也会要求你键入密码短语。这为密钥添加额外一层保护，此时把它做留白处理，再次输入密钥即可。

此时密钥已经生成，将其添加至虚拟机。可以传送本地公钥至服务器的 authorized_keys 文件。告之虚拟机我们的机器可以对其访问。

```
$ cat ~/.ssh/id_rsa.pub | ssh webdev@192.168.1.100 \
"mkdir ~/.ssh; cat >> ~/.ssh/authorized_keys"
```

命令完成后，服务器会要求提供密码并保证此为合法请求。命令结束后，可以尝试由 SSH 至虚拟机来测试密钥：

```
$ ssh webdev@192.168.1.100
```

此时它会要求密码。

现在登录至虚拟机，使用 Ubuntu 的包管理将 Git 安装至服务器：

```
$ sudo apt-get install git-core
```

现在在虚拟机上创建 bare 仓库，它仅是一个目录，通常加以 .git 后缀，因此更易识别用户。然后，安装目录，使用 git 命令初始化文件夹，使用 --bare 转换。

```
$ mkdir website.git
$ cd website.git
$ git init -bare
```

在远程机上创建的仓库，可以键入 exit 退出登录。

回到本机，为远程仓库添加地址并推送我们的主干。

```
$ git remote add origin ssh://webdev@192.168.1.100/~/website.git
$ git push origin master
```

我们需要与另一位开发者协同工作的新特性。可以为这些新特性创建分支并命名为 `new_feature`，而后将之付诸于设计实现。完成设计工作后，将此分支推送至远程仓库。

```
$ git checkout -b new_feature
$ git push origin new_feature
```

现在来推送分支，看下哪些分支在远程仓库之上。

```
$ git branch -r
```

以分支列表结束。没有看到 `layout_a` 及 `layout_b`，因为本地已经将其删除，且从未将其推送出来。

```
origin/HEAD -> origin/master
origin/new_feature
origin/master
```

我们的开发者访问 Git 仓库，有它整个项目的复制。在复制整个项目后，将其放至 `new_feature` 分支。最后，确保项目已更新至最新并将其由服务器传至它的本地分支。

```
$ git clone ssh://webdev@192.168.1.100/~/website.git
$ git checkout -b new_feature
$ git pull origin new_feature
```

开发者机器上的分支也是，再次循环。Git 提供协同代码及简单合并改变的功能，一如本机处理一样方便。

深入研究
Further Exploration

我们探讨了 Git 基础，也看到了它的其他应用。本秘方仅以文本文件为例，Git 支持任意类型的文件。可以使用 Git 版本控制 Photoshop 文档，快速保持多版本设计。还可探索如何导出之前的文件版本，修复上周老板不喜欢，但却想要再看一次的内容变更。

同样可以使用 Git 与其他人整理开源文件。例如，使用 GitHub[22]找到开源项目 jQuery（或本书谈及的其他库）并复制它，将其置于本机作为 Git 仓库。

---

[22] http://www.github.com

你可以使用分支技术为此项目开发新特性，并将此新特性提交至原代码位置以帮助团队成长。

另请参考
Also See

- 36 号秘方　使用 Dropbox 来托管静态网站
- 37 号秘方　建立虚拟机
- Pragmatic Version Control Using Git [Swi08]

第 6 章

测试方法
Testing Recipes

发布的产品一定要保证能正常运行。为了确保代码能工作正常，我们经常要自己在浏览器上查看运行效果，或者请别人帮忙。接下来，我们将探讨如何调试代码，如何创建可重用的测试用例，无论何时修改代码都可以方便地进行测试。

31 号秘方　调试 JavaScript
Debugging JavaScript

问题 Problem

最近我们修改了网页，导致一些 JavaScript 脚本工作不正常。到底发生了什么？又该如何修复呢？我们需要找出问题并解决掉。

工具 Ingredients

- 浏览器
- Firebug Lite[1]

解决方案 Solution

在没有合适工具的情况下，想要找出 JavaScript 不工作的原因，是非常乏味和花时间的。幸运的是有很多非常有用的工具可供选择。许多浏览器都内置了控制台，可以在命令行执行 javascript 语句，调试页面元素。这样就避免了每次修改代码都要保存并重新装载页面的麻烦。没有内置控制台的浏览器可以使用 Firebug Lite，这是一个可以为所有主流浏览器添加控制台的 Javascript 插件。

Firebug Lite 提供了本节所需要的所有功能，所以我们不会介绍各浏览器自带的调试工具。Firebug Lite 中提供的功能，各浏览器自带的工具也都有。我们只介绍 Firebug 的用法，这样读者可以自由选择浏览器。当然读者也可以用浏览器自带的调试工具，工具的名字和按钮的名字可能有些微差别，但大致的调试理念应该是类似的。

---

1 http://getfirebug.com/firebuglite

> **Joe 问：**
> **如果我想用浏览器的内置工具或者扩展组件呢？**
>
> Firebug Lite 涵盖了本节所需要的所有功能，但高级工具可以进行更深入的代码调试和性能调优。下面介绍如何获取高级调试工具：
>
> - Chrome: View > Developer > JavaScript Console
> - Safari: Safari > Preferences > Advanced > Show Develop menu in menu bar and then Develop > Show Web Inspector
> - Firefox: 安装 Firebug[a]
> - Firefox: 工具 > 控制台加载 Javascript 脚本
> - IE: 安装 IE Developer Toolbar[b]
>
> ---
> a：http://getfirebug.com/
> b：http://www.microsoft.com/en-us/download/details.aspx?id=18359

Firebug 基础

在浏览器上安装 Firebug Lite 之后，只要单击一下 Firebug 按钮，Firebug 的控制台就出现在浏览器的底部了。这样我们就可以通过控制台执行 javascript 语句，检查页面元素，从而调试我们的代码。

通过创建一个警告对话框来了解 console 是如何工作的，以确定工作环境是否一切正常。在底部窗口的>>>提示符之后输入 alert('Pretty neat!');，然后回车，就会出现创建的警告对话框，如图 48 所示。

Firebug 还提供了检查渲染的 HTML、CSS 和 DOM 的功能，如图 49 所示。单击控制台左上角的 inspect（查看）按钮，鼠标指到页面的任意元素。左边的面板上就会显示元素对应的 HTML 代码，右边的面板是其对应的 CSS 样式。当单击某个元素后，便可以查看并修改该元素，更改它的 CSS 样式，或者切换到 DOM 标签页查看元素属性。

Firebug 的功能远不止于此，但以上的基础介绍已经足够开始我们的 Javascript 调试了。可访问网站 http://getfirebug.com 了解更多 Firebug 的功能。

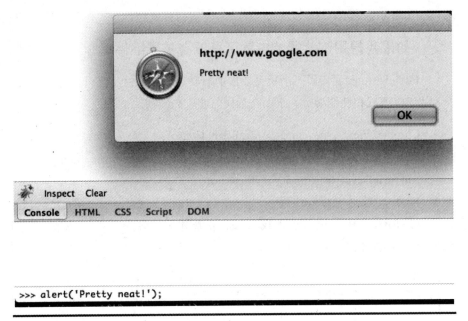

图 48　Firebug 中执行 Javascript 语句

用 Firebug 调试

前面已经介绍了 Firebug 的基础知识，现在该修复那个坏掉的网页了。有人对 5 号秘方的代码做了修改，导致链接转换不成功。不幸的是我们当时没有用 Git[2]，也没有保存之前的代码，所以必须找出是什么地方出了什么问题。为了让它运行起来，需要下载 5 号秘方的文件，并用 helper-text-broken.js 替换 helper-text.js。

```
javascriptdebugging/helper-text-broken.js
function display_help_for(element) {
  url = $(element).attr("href"); //URL通过AJAX加载
  help_text_element =
    "#_"+$(element).attr("id")+"_"+
    $(element).attr("data-style");
  //如果内容已经加载成功，则不会重新加载
  if ($(help_text_element).html() == "") {
    $.get(url, { },
      function(data){
        $(help_text_element).html(data);
```

---

2 参见 216 页 30 号秘方。

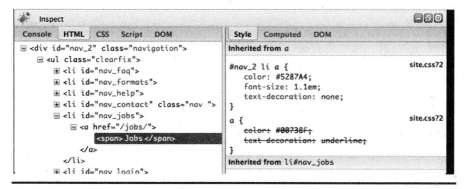

图 49　用 Firebug 检查页面元素

```
    if ($(element).attr("data-style") == "dialog") {
      activate_dialog_for(element,$(element).attr("data-modal"));
    }
    toggle_display_of(help_text_element);
  });
}
  else { toggle_display_of(help_text_element); }
}
```

当用出问题的 Javascript 重新加载页面后，我们可以看到链接的内容并没有被替换。回忆之前我们用 `append_help_to()` 函数来设置这个链接，用一个图标替换掉链接的内容。也许是函数中发生了什么，导致程序并没有执行这行代码。我们可以试着调用它，该函数的功能是传递一个参数，用查看功能可以获得链接的 ID，然后在控制台调用 `append_help_to($('#help_link_1'));`。

未发现异常。为了确定我们找对地方，并且那行代码确实被执行，我们可以在 `helper-text-broken.js` 中添加 `console.log()` 语句，这样任何被传递的参数都会显示出来。

javascriptdebugging/helper-text-broken.js
```
helperDiv.setAttribute("title", title);

console.log(element);
console.log(helperDiv);
console.log(icon);

$(element).after(helperDiv);
$(element).html(icon)
```

传递给 console.log() 的可以是一个字符串、一个对象，甚至是一个函数的调用。这样，可以查看我们感兴趣的参数以及那些写进页面的内容，从而辨别它们是否是导致页面出错的罪魁祸首。

每次更新代码都需要刷新一下网页，然后打开 Firebug，再次执行 append_help_to($('#help_link_1'));，如图 50 所示。

我们应该从 console.log() 的调用得到三个返回值，即页面元素、插入 `<div>` 的文字和替换的图标。但事实上，我们只得到了两个返回值，而且图标替换值未被定义，这说明图标设置不正常。

```
javascriptdebugging/helper-text-broken.js
Line 1  function set_icon_to(help_icon) {
     2    is_image = /jpg|jpeg|png|gif$/
     3    if (help_icon = undefined)
     4      { icon = "[?]"; }
     5    else if (is_image.test(help_icon))
     6      { icon = "<img src='"+help_icon+"'>"; }
     7    else
     8      { icon = help_icon; }
     9  }
```

进一步追溯到 set_icon_to() 函数，你会发现问题所在。在第三行我们用 = 把 help_icon 赋值成了 undefined，而不是用 == 来判断 help_icon 是否被定义。那么修复这个错误后，再重新刷新页面看看有什么发生吧。

`if (help_icon == undefined)`

现在程序运行正常了。help_icon 也设置正常了，调试成功。有了 Firebug，我们能够方便地验证函数是否调用正常，查看不同变量和参数的属性值，还能定位代码中的错误。

深入研究
Further Exploration

调用 console.log() 时，传入一个元素给它，然后重新运行一次，在控制台点击该项所得到的效果与在页面中点击而查看参数是一样的。这对新建 JavaScript 是非常有用的，因为它可以确保程序运行结果正确。而且还可以通过右边 CSS 和 DOM 标签页中的 attribute 来确定 JavaScript 是否正常运行。

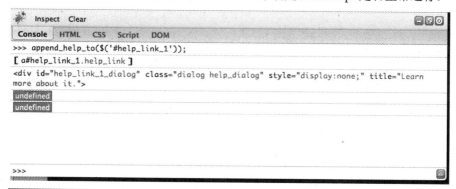

图50　用 Firebug 查看参数

在控制台中执行的 JavaScript 都是单行调用的。那么，如何用 Firebug 编写函数呢？控制台输入框的最右边有个带三角的图标。点击该图标，我们会看到一个双面板界面，编写 JavaScript 函数，设置断点后运行，可查看结果。在和其他代码合并前，用它测试新函数非常棒。

为 Javascript 脚本写一些测试代码可以帮助我们迅速发现问题。正如在 35 号秘方中所讨论的，一个全面的测试集可以帮助我们快速发现代码改动所带来的问题。请仔细阅读本节并试着测试 5 号秘方，或者本书的其他章节。

另请参考
Also See

- 35 号秘方　JavaScript 测试框架 Jasmine
- 5 号秘方　设计创建行内帮助对话框

32 号秘方　用户点击热图分析
Tracking User Activity with Heatmaps

问题 Problem

在升级或重构站点的时候，清楚工作的重点很有必要，这样才能做到有的放矢。我们需要能够快速定位页面上使用最频繁的区域。

工具 Ingredients

- PHP server
- ClickHeat[3]

解决方案 Solution

我们可以跟踪用户在页面上的点击行为，将结果用"热图"的形式图形化地表现出来，这样页面点击量最多的地方就一目了然了。目前市面上有多种基于用户行为生成热图的商业软件，本书选用开源软件点击热图 ClickHeat 脚本，因为其在现代网站主机上的配置与商业软件的一样简单。

举一个用 ClickHeat 来解决内部争议的例子：一个客户打算上个新产品，但是两个设计师在"注册"和"更多"按钮哪个更实用的问题上争论不休。这两个按钮在界面上的位置相邻，只需简单地追踪一下该页面的点击情况就可以看出哪个按钮更实用。

设置 ClickHeat

部署 ClickHeat 需要用到 PHP，但是它可以应用到任何类型的网站。下载 ClickHeat，把 ClickHeat 的脚本放在服务器中支持 PHP 的文件夹里。本秘方采用虚拟机中的服务器，IP 为 http://192.168.1.100.。

---

[3] http://www.labsmedia.com/clickheat/index.html

解压 `ClickHeat` 压缩包后，把 `ClickHeat` 文件夹上传到虚拟机中存放网页的文件夹 `/var/www`。虚拟机支持 SSH 协议，我们可以使用下面的命令来拷贝 `ClickHeat` 文件夹。

```
scp -R clickheat webdev@192.168.1.100:/var/www/clickheat
```

我们也可以使用 SFTP 客户端（如 FileZilla）来拷贝它。

将代码上传到服务器之后，为了获得写日志和修改的权限，需要在 `clickheat` 文件夹中设置权限。登录服务器，使用 `chmod` 命令来修改 `config`、`tmp` 和 `logs` 文件夹为可写，以下是 `chmod` 命令：

```
$ ssh webdev@192.168.1.100
$ cd /var/www/clickheat
$ chmod -R 777 config logs cache
$ exit
```

以上设置成功后，继续通过访问 `http://192.168.1.100/clickheat/index.php` 来完成配置。ClickHeat 可以验证配置文件夹是否可写，然后在以上链接中完成剩下的配置。

可以不修改任何参数，但必须设置管理员账户和密码。点击 Check Configuration 按钮，若没有报告任何错误，那么 ClickHeat 的设置就完成了。接下来把它附到我们的页面上，看看可以得到什么样的数据。

跟踪用户点击与显示结果

在开始跟踪之前，需要在主页 `<body>` 标签结束之前加入一小段 JavaScript 代码，代码如下：

heatmaps/index.html
```html
<script type="text/javascript"
 src="http://192.168.1.100/clickheat/js/clickheat.js"></script>
<script type="text/javascript">
 clickHeatSite = 'AwesomeCo';
 clickHeatGroup = 'buttons';
 clickHeatServer = 'http://192.168.1.100/clickheat/click.php';
 initClickHeat();
</script>
```

在这段代码中，我们为热图定义了一个"`site`"和一个"`group`"，这样就可以记录多个页面了。

图 51　热图

重新部署页面到服务器之后，ClickHeat 会记录用户的点击情况。几小时后，通过访问 `http://192.168.1.100/clickheat/index.php` 可以看到如图 51 所示的结果。

看起来，更多的人喜欢点击"注册"（sign up）按钮。

深入研究
Further Exploration

一旦运行起来，ClickHeat 的维护便相对简单，但仍然有很多配置项可以优化。例如，记录同一用户的点击次数。还可以把 ClickHeat 的结果记录到 Apache 日志并用脚本解析。这种方式能很好地解决服务器上 PHP 响应请求过慢的问题。不仅如此，ClickHeat 可以配置在自己的服务器上，这样它就能收集多个站点或域的数据。更多配置项和接口可以在 ClickHeat 的网站上查到。

如果还想要更强大的功能，有着类似功能的商业软件 CrazyEgg[4]是个不错的选择。

最后，当你查看网站的热图时，可能会从用户那里得到意想不到的启发。如果你注意到页面某片区域的点击不少，但却没有一个链接，那么考虑让它"热"起来吧。热图时常会带给你前所未有的意外。

另请参考
Also See

- 37 号秘方　建立虚拟机

---

[4] http://www.crazyegg.com/

33 号秘方　使用 Selenium 测试浏览器
Browser Testing with Selenium

问题 Problem

测试是个困难重重而又非常乏味的过程。随着网站越来越复杂，测试的复用性和一致性变得越来越重要。假如没有自动化测试，唯一能够保证网站持续工作的办法是让一流的测试员拿着长长的检查表无止境地加班。这个过程缓慢得让人无法忍受。人们需要一种快速的测试流程，可以随时为现在甚至几个月之后的特性创建测试来验证产品。

工具 Ingredients

- Firefox[5]
- Selenium IDE[6]
- QEDServer

解决方案 Solution

除了手动测试，还可以使用自动化工具来测试网络应用。Selenium IDE 是一款 Firefox 插件，允许用户在图形化环境中以记录用户操作的方式建立测试用例。浏览网页时，我们可以创建 assertion，或者测试用例来验证某些对象的存在。这些操作随时都可以执行，创建可复用的自动化测试集合。

开发团队开发了一个产品管理网站，管理人员希望为网站的正常运行提供一些保护措施。为此，开发人员在逻辑实现上添加了单元测试的代码，而我们则需要在用户界面创建自动化测试。今后，如果用户界面有所变化，自动化测试能使开发和测试团队做到心中有数。

---

[5] http://getfirefox.com
[6] http://seleniumhq.org/download/

配置测试环境

首先，安装 Firefox 浏览器。可在 Firefox 官网上选择操作系统所对应的版本，安装成功后，开始安装 Selenium IDE。打开 Firefox，访问 Selenium 官网[7]，并下载 Selenium 的最新版本[8]。安装好 Selenium 就可以开始编写第一个测试用例了。

创建第一个测试用例

我们将用 Selenium IDE 创建一个记录测试服务器活动的测试用例，测试服务器用 QEDServer 在本机模拟。启动 QEDServer，打开 Firefox。在地址栏输入 `http://localhost:8080`，回车就会看到服务器 Home 界面，如图 52 所示。

因为这是一个产品管理应用，所以要创建一个测试以确保主页上始终有个 Manage products 的链接，并且该链接指向正确的页面。

从 Firefox 的工具栏找到 Selenium IDE，并打开它。在录制之前，确保录制按钮可用。点击 `Manage products` 链接，Selenium IDE 上会出现几个条目，如图 53 所示。最上方的 Base URL 是 `http://localhost:8080`，然后会看到 Selenium IDE 中最有用的一个方法——`clickAndWait()`。测试网络应用时，我们经常会花很长时间来点击链接或按钮，并等待页面响应。`clickAndWait()` 就是用来帮我们完成这些操作的。每点击一个链接，Selenium IDE 会添加一次该方法，并保存链接的文本。如果再次执行这个测试用例，Selenium IDE 就会调用这个方法和相应的链接。

Selenium IDE 的测试活动由三部分组成。第一部分是命令，也就是 Selenium 要执行的操作。第二部分是 Selenium 要执行操作的目标对象。第三部分是要赋给一个属性的测试值，例如，填写文本框的值或者一个单选按钮的值。

---

[7] http://seleniumhq.org/download/
[8] 如果你使用的是 Firefox 4，则需安装 Add-On Compatibility Reporter Extension 的 0.8.2 版本。

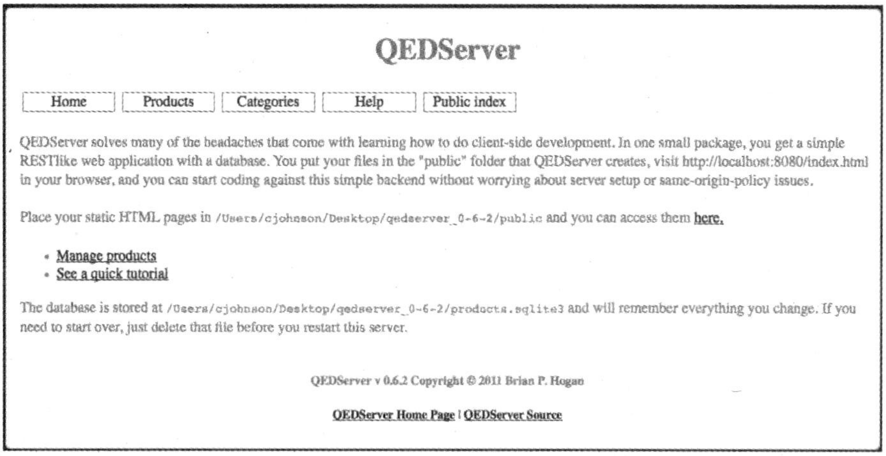

![QEDServer 服务器主页截图]

图 52　服务器主页

　　Selenium 的定位功能很强大。除了通过 ID，还可以通过 DOM、XPath 查询和 CSS 选择器，甚至通过纯文本来定位页面元素。点击 Manage products 链接时，目标设定是 link=Manage products。这里 link= 后面的选择器指向一个需要进行操作的文本区块。需要注意的是，locator 默认查找的是 ID 后面的第一段字符串。测试中，通过 ID 可以快速定位元素并提高精准度，但这样的测试可读性差。

　　有了对 locator 的了解后，接下来介绍 Command。Command 是 Selenium 测试时执行的操作。Selenium 可以模拟几乎所有的人工操作，除了上传文件，这需要进行一些重大的修改。这种可以模拟真人操作浏览器的方式为测试代码的实现提供了灵活性。

　　点击 Manage products，会被带到 product 的显示页面。先点击 Manage products 链接，然后我们期望验证 Products 这个词出现在屏幕上。为了验证这一点，在网页上找到 Products 并鼠标右击，在出现的菜单中选择 verifyTextPresent 命令。也可以在 Selenium IDE 中 clickAndWait() 命令下的空白处单击，然后在表格中选择命令、目标和值。Selenium IDE 的菜单中还提供了一些测试助手来方便测试。

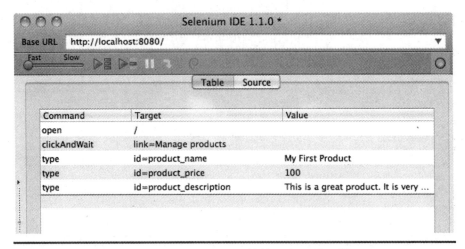

图 53　Selenium IDE 的第一个测试用例

点击 Selenium IDE 文件菜单下的 `Save Test Case` 选项可以保存测试用例。这样，点击 Base URL 下的 `play` 按钮就可以运行这条测试了。测试用例通过后，浏览器会跳转到我们的页面，每个步骤的背景变成绿色则表明该测试通过。如果某个步骤失败，则该条的背景会显示红色，而且底部的 log 窗口会出现红色粗体报错和错误描述。这些信息能帮助我们找到出错的原因并解决问题。

创建高级测试

我们需要产品管理应用功能正常，并且能新建和删除产品，还可以查询每个产品的详细信息。这是个复合过程，使用 Selenium 能对其进行自动测试。

用浏览器打开 `http://localhost:8080`，并启动 Selenium IDE。点击 Manage products 链接，等待页面加载完毕。指向 New Product，并右击，选择 verifyTextPresent New Product。然后不用输入任何信息，点击 Add Product 按钮。这个应用要求必须填写一些产品信息，所以表单并没有提交成功，并在屏幕上显示一条错误信息。

我们把验证这条错误信息添加到测试中。右击错误信息 "The product was not saved"，选择 `verifyTextPresent` 命令来判断错误信息是否出现在 Products 页面。

错误信息判断添加成功后，填写所有信息并提交。Selenium IDE 中就多了一行测试信息以显示刚刚写入的值。

当报表提交完毕后，会回到 product 页面，我们会看到一条 Created 信息。再次输入 `verifyTextPresent()` 命令来确保这条文字会被显示。

现在我们有了一个功能丰富的例子，先保存下来，稍后再运行它。如果页面被更改了，那么执行这个测试用例就能知道哪里出现了问题。

深入研究
Further Exploration

有了测试覆盖率，通过整个自动化测试集便可把我们带到更高一级的测试。目前我们只能逐条载入测试用例到 Selenium IDE，假如测试用例太多，操作起来就会很烦琐。那么，了解 Selenium Remote Control 和 Selenium Grid[9] 能够帮助我们在多个浏览器上实现自动化测试集。

尽管 Selenium IDE 主要是个测试工具，但它还可以作为自动化工具来使用。例如，当你面对一个不太友好的用户界面（如时间追踪系统或是重复且笨拙的管理控制台），也许你更愿意用 Selenium IDE 帮你省去过多的键鼠操作。

另请参考
Also See

- 34 号秘方　Cucumber 驱动 Selenium 测试
- 35 号秘方　Javascript 测试框架 Jasmine

---

9 http://selenium-grid.seleniumhq.org/

34 号秘方　Cucumber 驱动 Selenium 测试
Cucumber-Driven Selenium Testing

问题
Problem

浏览器测试是一个冗长乏味且耗时的活动。在 33 号秘方中，我们学习了如何使用 Selenium IDE 构建测试。不幸的是，这只适用于 Firefox 浏览器，而忽略了其他浏览器类型。我们希望能够在所有类型的浏览器上进行测试。手动测试网站就要求安装这些浏览器。是否存在一种自动化测试方法，可以不用直接安装就能在不同浏览器上进行测试？

工具
Ingredients

- Cucumber Testing Harness[10]
- QED Server[11]
- Sauce Labs Account[12]
- Sauce Connect[13]
- Bundler[14]

解决方案
Solution

测试服务器拥有一个管理界面来管理我们的产品。我们已经在本地的 Firefox 和 Safari 浏览器上进行了测试，现在需要将测试范围扩大到其他浏览器。使用一组包括 Cucumber 和 Selenium 的工具，我们可以建立一个自动多浏览器测试环境。

工具
Ingredients

如同我们在 33 号秘方中介绍的那样，Selenium 是一个很棒的工具，用来模拟用户在网站上的体验。在 33 号秘方中，我们使用 Selenium IDE 来记录网

---

10 http://pragprog.com/book/wbdev/web-development-recipes
11 http://webdevelopmentrecipes.com/files/qedserver.zip
12 http://www.saucelabs.com
13 https://saucelabs.com/downloads/Sauce-Connect-latest.zip
14 http://gembundler.com/

站行为。

接下来将会介绍用 Cucumber 编写测试来增强 Selenium。

在 35 号秘方中将会介绍行为驱动开发(BDD)和由外向内编写测试。Cucumber 为 BDD 及业务相关人提供了提高层次的机会。Cucumber 的测试用例完全由纯文本编写，可以有效地在商业人员和技术人员间进行沟通和交流。

```
selenium2/cucumber_test/features/manage_products.feature
line 1  Feature: Manage products with the QED Server
     2   Scenario: When I view the product details of a new product it should take me
     3             to the page where the product information is displayed
     4     Given I am on the Products management page
     5     And I created a product called "iPad 3" with a price of "500"
     6      dollars and a description of "My iPad 3 test product"
     7     When I view the details of "iPad 3"
     8     Then I should see "iPad 3"
     9     And I should see a price of "500"
    10     And I should see a description of "My iPad 3 test product"
```

由上可知，Cucumber 使用最直白的语言,测试目的一目了然。

前面提到过，Selenium IDE 只能在 Firefox 上测试。要在所有浏览器上测试，可以在计算机上安装所有的浏览器然后手工测试所有用例，或者使用一个基于云计算的 Selenium 测试服务，如 Sauce Labs 提供的一种。为了避免安装多个浏览器的烦恼（在编写本书期间，Firefox 5 和 6 已经发布了！），我们使用 Sauce Labs 进行测试。Sauce Labs 记录运行过的测试，我们可以回放并观察通过和失败的测试。这些视频也适合所有的业务人员，因为他们可以看到应用程序的运行而无需人工操作。在编写本书的时候，Sauce Labs 为每个用户提供每月 200 分钟的免费测试时间。

将这一切联系在一起的是 Cucumber Testing Harness（CTH），这是一个基础开发框架，让人们方便快捷地编写测试用例。通常来说，网站测试的难度比较大,Cucumber 和 Selenium 也不例外。使用类似 CTH 和 Sauce Labs 的工具，能够相对容易地克服种种困难。Sauce Labs 负责管理遗漏的 Selenium 进程，并确保 Cucumber 的远程控制连接。它同样可以测试同一浏览器的不同版本，这让测试老式计算机上的用户体验成为可能。不用维护所有浏览器的安装能让测试人员专注于测试上。

此外，Sauce Labs 是一个云服务,运行测试时对本地机器的性能要求较低。CTH 用来组织代码、管理依赖关系,以及提供与 Sauce Labs 交流的 hooks（钩子函数）。只需要修改一些配置文件,就可以开始运行我们的测试。

设置测试环境

运行 CTH 前，需要安装 Ruby，如果还未安装，则应参考附录 1，将剩余章节需要用到的东西都搭建起来。

由于需要用 Sauce Labs 运行的测试用例，首先在 Sauce Labs 官网免费注册一个账户[15]。

大多数的工作在 CTH 内完成。从本书的网站[16]下载 CTH，解压 cucumber_test.zip 文件到测试的运行目录，打开 shell，进入解压目录。

在 CTH 中,有个 `Gemfile` 目录,包含所有需要的 Ruby 程序库。要使用 Gemfile,首先要运行一个叫做 `bundler` 的程序包，它读取 `Gemfile` 并安装其他的程序库。命令如下：

```
$ gem install bundler $ bundle install
```

程序安装完毕,进入下一步，在 CTH 中添加 Sauce Labs API 的键值。

登录 Sauce Labs 官网，进入"我的账户"（My Account）页面获取分配到的 API 键值。在图 54 所示链接中可以找到 API 键值。将该值保存到 `config/ondemand.yml` 文件。

```
selenium2/cucumber_test/config/ondemand.yml
#---
username: my_sauce_user_name
access_key: my_super_secret_key
```

---

15 https://saucelabs.com/signup
16 http://pragprog.com/book/wbdev/web-development-recipes

图 54　查找 Source Lab API 键值

当我们在 Sauce Labs 中执行测试时，CTH 会使用 ondemand.yml 中的参数。我们会更改用户名为 Sauce Labs 的用户名。

为方便记录，我们将测试指向一个主机名。由于我们使用的是本地测试服务器,可以将其命名为"`qedserver.local.`"，还需要告诉计算机针对那台服务器的请求应该向何处发送,所以需要将其添加到 `hosts` 文件中。如果是 OS X 或 Linus 操作系统上，打开 `/ etc / hosts`，在 Windows 系统上则打开 `C:\Windows \ system32\drivers\etc\hosts` 目录，添加一行配置代码：
`127.0.0.1 qedserver.local`

这行配置代码会把向"`qedserver.local`"发送的请求重定向到本机地址 `127.0.0.1`。可以在浏览器中输入 `http://qedserver.local:8080` 来验证我们的测试主机是否配置成功。

下一步建立 Sauce Labs 与测试服务器的通信，这已经在 Sauce Connect[21] 中实现，它会在 Sauce Labs 与本机间建立直接通信。将其下载并解压到目录中，用下面的命令运行 Java jar 文件，将 USERNAME 和 API_KEY 替换成你自己的用户名和键值。

```
$ java -jar Sauce-Connect.jar USERNAME API_KEY
```

当 Sauce Labs 服务器运行测试时，它不需要知道我们的公网 IP，也不需要打开路由器端口，就可以访问本地计算机。

趁着与 Sauce Labs 的连接仍打开，继续完成 CTH 的配置。`config` 文件夹中存在 `cucumber.yml` 文件。它为所有的浏览器配置一些默认选项，还分别为每个测试要用到的浏览器配置一些特殊选项。

> **Joe 问：**
> **可以把所有的事情都在本地做了么？**
>
> CTH 可以仅在本机运行，但是，如果我们希望不仅是测试 FireFox 这一种浏览器，那么还需要安装 Ant[a] 和 Selenium Grid[b] 等额外的软件。本地安装 Selenium Grid 比较复杂，因为它用起来较困难。但如果你无法使用到外部链接的解决方案，在本机配置好一切也是一种解决方案。
>
> ---
> a. http://ant.apache.org
> b. http://selenium-grid.seleniumhq.org/download.html

selenium2/cucumber_test/config/cucumber.yml
```
<% defaults = "HOST_TO_TEST=http://qedserver.local
               APP_PORT=8080
               HUB=sauce" %>
```

此处定义一个名为 defaults 的变量,它包含了一条含有多个值的字符串。

HOST_TO_TEST 是正在测试的应用程序的 URL,这里特指本地 QED 服务。测试服务器运行在 8080 端口,所以 APP_PORT 的值为 8080。HUB 表明用到的 Sauce Labs 的服务。

这些设置的主要目的是运行基于多浏览器的测试。下面定义配置文件标志,可以方便地在不同浏览器间切换。这里我们想要支持 IE7/IE8/IE9 及最新版的 Safari、Firefox 和 Chrome。使用命名约定（naming convention）是个不错的选择,它可以帮助我们在如此多的浏览器中快速定位配置文件。因为所有测试运行在 Sauce Labs 上,所以在每个配置文件名前加上 sauce,后跟一个代表浏览器和操作系统的标志。例如,如果是 IE7 的配置文件,文件名为 sauce_ie7_03,Ie7 表示是 Internet Explorer 7 浏览器,03 是 Windows Server 2003 的简写。

selenium2/cucumber_test/config/cucumber.yml
```
sauce_ie7_03: BROWSER=iehta VERSION='7.' <%= defaults %>
sauce_ie8_03: BROWSER=iehta VERSION='8.' <%= defaults %>
sauce_ie9_08: BROWSER=ietha VERSION='9.' OS='Windows 2008'<%= defaults %>
sauce_f_03:   BROWSER=firefox VERSION='3.' <%= defaults %>
sauce_s_03:   BROWSER=safariproxy VERSION='5.' <%= defaults %>
sauce_c_03:   BROWSER=googlechrome VERSION=' ' <%= defaults %>
```

现在我们有了一组完整的需要测试的浏览器。大多数测试可以运行在 Windows Server 2003,唯一的例外是 Internet Explorer 9,它只能运行在 Server 2008[17]上。如果还有其他浏览器或服务器需要配置,可以添加到这个列表中。

编写第一个测试

第一个测试先从简单的开始:确保主页上有指向"产品管理"和"快速指南"链接。

Cucumber 测试基于 `features`,即基于程序的一个个功能。对于每个功能,都会描述应用程序的行为,多个行为组合起来称为"场景"(`scenarios`)。场景通过 `given`、`when`、`then` 的形式描述。这种形式清楚地定义了用例将会测试哪些东西。

`given` 语句定义了测试上下文,比如"不用关心之前的流程,我在这个状态中"。`when` 语句描述了一个将要发生的行为。`then` 语句检验测试结果,即检测 `then` 语句的返回结果是否与场景的运行结果一致。

因为第一个功能是关于服务器主页的,将其置于 `qedserver_home_page.feature` 文件中。以 `feature` 语句开始,后跟两个场景,每个场景中包含两个测试语句。

```
selenium2/cucumber_test/features/qedserver_home_page.feature
Feature: Testing the QED Server home page to make sure we have the
  manage products link and the See a quick tutorial link

  Scenario: Verify the manage products link is on the home page
    Given I am on the QED Server home page
    Then I should see the "Manage products" link

  Scenario: Verify the See a quick tutorial link is on the home page
    Given I am on the QED Server home page
    Then I should see the "See a quick tutorial" link
```

这个功能描述了我们希望从主页上看到的结果。它包含两个场景,对应于我们希望测试的两个链接。这里的场景中只有 `given` 和 `then` 语句。后面会介绍更多的场景表达方式。

第一个功能写完后便可运行测试。之前写好的配置文件将会运行,使用命令 `$ cucumber -p sauce_f_03` 告诉 cucumber 在 Sauce Labs 的配置文件中使用 `sauce_f_03` 或 Firefox。

---

[17] https://saucelabs.com/docs/sauce-ondemand/browsers

运行后会看到下面的输出结果。

```
$ cucumber -p sauce_f

Using the sauce_f profile...
Feature: Testing the test server home page to make sure we have the
manage products link and the See a quick tutorial link

Scenario: Verify the manage products link is on the home page
# features/qedserver_home_page.feature:3
    Given I am on the QED Server home page
# features/qedserver_home_page.feature:4
    Then I should see the "manage products" link
# features/qedserver_home_page.feature:5

Scenario: Verify the See a quick tutorial link is on the home page
# features/qedserver_home_page.feature:7
    Given I am on the QED Server home page
# features/qedserver_home_page.feature:8
    Then I should see the "See a quick tutorial" link
# features/qedserver_home_page.feature:9

2 scenarios (2 undefined)
4 steps (4 undefined)
0m26.580s

You can implement step definitions for undefined steps with these snippets:
Given /^I am on the QED Server home page$/ do
  pending # express the regexp above with the code you wish you had
end

Then /^I should see the "([^"]*)" link$/ do |arg1|
  pending # express the regexp above with the code you wish you had
end
```

Cucumber 的输出结果可以告诉我们很多信息。首先，它显示哪个配置被运行并打印 feature 语句，之后可以看到 scenarios 及每个语句的行号。scenarios 之后，outputs 信息说明在测试中发生了什么。这里有 2 个测试用例，但是未被定义，有 4 个步骤，也是未定义的。输出的最后一部分包含一些前置命令，告诉我们实现这一 feature 需要的步骤。

接下来为了让 feature 测试通过，我们需要新建一个名为"/features/step_definition/qedserver_home_page_steps.rb"的文件来记录步骤的定义。它用 Ruby 语言实现，feature 可以运行它来驱动 Selenium 以在浏览器中操作。

```
Given /^I am on the QED Server home page$/ do
  pending # express the regexp above with the code you wish you had
end

Then /^I should see the "([^"]*)" link$/ do |arg1|
  pending # express the regexp above with the code you wish you had
end
```

现在有一个步骤定义（step definition）了，但它没有告诉 Selenium 如何进行测试。更新 `pending` 行来测试页面内容。第一步调用 given 语句，要求测试从主页开始，下一步用 Selenium 定位符判断链接是否存在。

selenium2/cucumber_test/features/step_definitions/qedserver_home_page_steps.rb
```
Line 1 Given /^I am on the QED Server home page$/ do
     2   @selenium.open("/")
     3 end
     4 Then /^I should see the "([^"]*)" link$/ do |link_text|
     5   @selenium.element?("link=#{link_text}").should be_true
     6 end
```

在第 2 行和第 5 行，我们从 `@selenium` 对象开始，让其可以通过 CTH 向 Selenium 发送命令。第 2 行调用 `open()` 函数并传进一个字符串"/"。因为我们已经在 `cucumber.yml` 中将 `HOST_TO_TEST` 设置好了，Selenium 知道应该用的 URL 是 `http://qedserver.local:8080`。

在第 5 行，用 `element?()` 方法传入一个定位字符串，无需深入了解 Ruby，通过字符串插入的方式，使用一个名为 `link_text` 的变量而不是固定值，便可以动态改写定位字符串的值。`Link_text` 在 then 语句中被用正则表达式提取出来。

测试写完了，运行一下就会发现它通过了。

```
$ cucumber -p sauce_f
....
2 scenarios (2 passed)
4 steps (4 passed)
0m36.439s
```

现在主页上已经有测试覆盖了，登上 Sauce Labs 的网站，观察测试的运行情况以及它所提供的每个测试结果。点击 My jobs[18] 链接，可以看到一个运行过的测试列表。

---

[18] https://saucelabs.com/jobs

点击某个测试的名字，可以看到一些如图 55 所示的信息，结合录像，可以看到测试的运行效果。

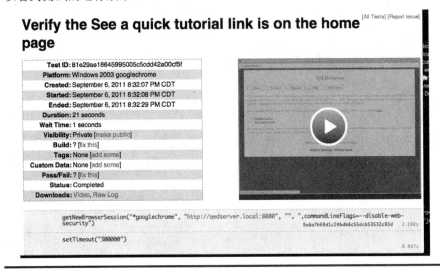

图 55　Post 测试的运行信息

写一个更复杂的测试

简单的测试当然好，但我们还需要确保我们的产品管理接口也运行正常。建立一个 feature 来测试它，可从建立另一个 feature 文件（即 `manager_products.feature`）开始。feature 语句为"用 QED 服务器管理产品"。我们可以建立一个 senario，描述从建立产品到显示细节测试的整个工作流。

```
selenium2/cucumber_test/features/manage_products.feature
Line 1  Feature: Manage products with the QED Server
     2    Scenario: When I view the product details of a new product it should take me
     3      to the page where the product information is displayed
     4      Given I am on the Products management page
     5      And I created a product called "iPad 3" with a price of "500"
     6        dollars and a description of "My iPad 3 test product"
     7      When I view the details of "iPad 3"
     8      Then I should see "iPad 3"
     9      And I should see a price of "500"
    10      And I should see a description of "My iPad 3 test product"
```

采用同首个测试一样的代码结构,从 feature 语句开始,后跟 scenario,然后是测试代码行。在第 5 行,用到了关键字 and,可将一组语句连接起来。在第 9 行和第 10 行同样用到了 and。什么时候要用到 and 语句呢?只要大声将语句内容读出来,就能根据自然的停顿或是上下文的语义关系察觉出这里应该加个 and。在第 7 行,用 when 语句描述了一种行为。

下面,运行新的 feature 来生成需要的步骤定义,我们希望定位一种特殊的 feature,可以通过在 Cucumber 命令后面添加文件的方式来运行。为了增加点趣味,这次我们在 Google Chrome 浏览器上运行这个 feature。

```
$ cucumber -p sauce_c_03 features/manage_products.feature
...
1 scenario (1 undefined)
6 steps (1 skipped, 5 undefined)
0m9.701s

You can implement step definitions for undefined steps with these snippets:

Given /^I am on the Products management page$/ do
  pending # express the regexp above with the code you wish you had
end

Given /^I created a product called "([^"]*)" with a price of "([^"]*)" dollars and a description of "([^"]*)"$/ do |arg1, arg2, arg3|
  pending # express the regexp above with the code you wish you had
end

When /^I view the details of "([^"]*)"$/ do |arg1|
  pending # express the regexp above with the code you wish you had
end

Then /^I should see a price of "([^"]*)"$/ do |arg1|
  pending # express the regexp above with the code you wish you had
end

Then /^I should see a description of "([^"]*)"$/ do |arg1|
  pending # express the regexp above with the code you wish you had
end
```

这里用到了 sauce_c_03 配置文件,并指定需要运行的文件。因为我们还没有添加任何具体的测试,所以它没有通过。在 qedserver_home_page_steps.rb 文件边上建立一个新的步骤文件 manage_products_steps.rb,将 Cucumber 生成的指示代码粘贴进去,然后将其调通。

下面让我们来实现具体的步骤定义，与前例一样，要在步骤中定义需要打开的网页。

```
selenium2/cucumber_test/features/step_definitions/manage_products_steps.rb
Given /^I am on the Products management page$/ do
  @selenium.open("/products")
end
```

这一步中，同样使用 `open()` 方法，但这次要告诉 Selenium 我们想到加载的是 "/products"，而不是 "/"。

下一步骤定义会自动填充表格，并将其提交到数据库中。在 given 语句中告诉 Selenium 将数据写入页面上对应的输入栏中。之后点击 "Add Product" 按钮。

```
selenium2/cucumber_test/features/step_definitions/manage_products_steps.rb
Given /^I created a product called "([^"]*)" with a price of "([^"]*)"
dollars and a description of "([^"]*)"$/ do |name, price, description|
  @selenium.type("product_name", name)
  @selenium.type("product_price", price)
  @selenium.type("product_description", description)
  @selenium.click("css=input[value='Add Product']")
end
```

通过改变 given 语句结尾的变量名称，可以指明哪个值被传入了。name、price 和 description 远比 arg1、arg2 和 arg3 的名字要容易辨识。在第 3 行，`type()` 方法告诉 Selenium 将 name 的值添加到标识为 product_name 的文本框里。在第 4 行和第 5 行，同样将值添加到对应的文本框中。

可以使用 `click()` 方法告诉 Selenium 点击 "Add Product" 按钮，此时会传入一个按钮的定位符。使用 CSS 选择子定位页面元素并生成一个类似于 `value='Add Product'` 的语句，然后验证是否存在这样的一个元素。这里用到的定位符会搜寻页面上值为 Add Product 的按钮。

当一条产品信息生成之后，需要确保它会显示在列表中并有一个指向细节信息页面的超链接。

```
selenium2/cucumber_test/features/step_definitions/manage_products_steps.rb
When /^I view the details of "([^"]*)"$/ do |product_name|
  @selenium.is_element_present("css=td:nth(0):contains(#{product_name})")
  @selenium.click("css=td:nth(1) > a:contains(Details)")
end
```

像上次一样，我们将变量名从 `arg1` 改成 `product_name`，这样一眼就可以看出变量的内容。使用 `is_element_present()` 方法来检验产品名是否显示出来了。同之前定位 Add Product 按钮一样，该函数也需要一个定位符。用来寻找 `<td>` 的 CSS 定位符中有 `product_name` 的值。点击产品的细节链接，用一个 CSS 定位符从链接中得到正确的 `<a>`，其中就包含了该行的子 `<td>`。

最后两个 `feature` 的步骤定义很类似：检查页面上显示的字符，CTH 提供一系列步骤定义，其中一个可以在 `feature` 中用到。步骤定义中的 `Then I should see "some text"` 使用 `text?()` 方法寻找传入的字符块。可以通过在步骤内调用步骤的方法来简化测试步骤的实现。

```
selenium2/cucumber_test/features/step_definitions/manage_products_steps.rb
Then /^I should see a price of "([^"]*)"$/ do |price|
  Then "I should see \"#{price}\""
end

Then /^I should see a description of "([^"]*)"$/ do |description|
  Then "I should see \"#{description}\""
end
```

两个测试都用到了相同的语法，传入变量值到字符串。因为 Cucumber 使用正则表达式进行匹配，所以要在引号前加 \ 来进行转型。在 Google Chrome 上运行测试可正常通过。

```
$ cucumber -p sauce_c_03
....
3 scenarios (3 passed)
10 steps (10 passed)
0m43.184s
```

与此同时，还可以试试其他浏览器组合。对于 IE7，可以运行 `$ cucumber -p sauce_ie7_03`，对于 Safari，可以运行 `$ cucumber -p sauce_s_03`。我们的测试在其他浏览器上都通过了，程序可以在不同环境中良好地运行。同时，还可以观看截屏信息，确保在所有环境里的渲染风格都是正确的。

深入研究
Further Exploration

本秘方的测试用例只是测试服务器的一部分功能,可以添加更多的测试来覆盖程序的其他部分,如删除一个产品。我们还可以修改 CTH 来专门针对某个站点。

还可以探索 Sauce Labs 的其他功能,比如 Sauce Scout 可以通过管道方式访问站点,只要 Sauce Labs 上的浏览器支持该方式。Scout 让我们在查错的时候,可以驱动浏览器并在其上点击。

除了 Sauce Labs,还可以只用 selenium-rc gem[19]程序库在本地针对计算机上安装的浏览器运行测试。如前所述,这种测试方法对系统间的区别比较敏感。

另请参考
Also See

- 33 号秘方　使用 Selenium 测试浏览器
- 35 号秘方　Javascript 测试框架 Jasmine
- The Cucumber Book: Behaviour-Driven Development for Testers and Developers [WH11]

---

19 http://selenium.rubyforge.org/getting-started.html

35 号秘方　Javascript 测试框架 Jasmine
Testing JavaScript with Jasmine

问题
Problem

JavaScript 的灵活和动态特征给准确测试带来困难,因为测试的目标在不断变化。可以考虑用 33 号秘方中介绍的 Selenium IDE 测试工具,但这仍然需要手动调试 JavaScript（参见 31 号秘方）,无法提供出错函数准确的信息。我们真正需要的是一个完整的 JavaScript 测试框架。

工具
Ingredients

- jQuery
- Jasmine[20]
- Jasmine-jQuery[21]
- Firefox[22]

解决方案
Solution

Jasmine 是 Pivotal 实验室开发的,基于行为驱动的 JavaScript 测试框架。Jasmine 的语法与 Ruby 的 RSpec 测试框架[23]类似（读者可从 The RSpec Book[CADH09]了解更多关于 RSpec 和 BDD 的信息）。BDD 是一种从外向内的测试模式,侧重于行为而不是结构。

在第一个全面测试 JavaScript 应用程序上,用 jQuery 构建一个待办事项的应用程序。我们仍将使用测试驱动开发(TDD)方法编写测试,然后实现代码并使它通过,唯一不同的是我们将描述行为而不是特定的代码元素。

---

20 http://pivotal.github.com/jasmine/downloads/jasmine-standalone-1.0.2.zip
21 https://github.com/downloads/velesin/jasmine-jquery/jasmine-jquery-1.2.0.js
22 http://www.mozilla.com/en-US/firefox/new/
23 http://rspec.info/

开始测试之前，先为应用创建一个文件夹，然后从 GitHub 下载 Jasmine 测试库，解压到文件夹中。

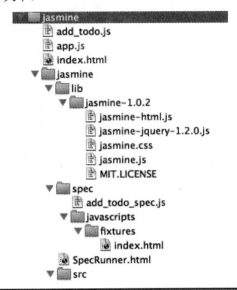

图 56　目录结构

这里也把 Jasmine-jQuery 插件下载到 `Jasmine/lib/jasmine-1.0.2` 文件夹。Jasmine-jQuery 插件提供了一些额外功能，将在后面处理装置时使用到。

Jasmine 文件夹下有三个子文件夹和一个 `SpecRunner.html` 文件。`spec` 和 `src` 文件夹下的两个 `.js` 文件可以删除，它们只是用例文件，此处并不需要。

现在可以构建我们的测试和应用了。我们将从最基础的开始，然后根据需要逐渐添加项目。首先新建一个 `add_todo_spec.js` 到 `spec` 文件夹。目录结构如图 56 所示。为了找到头绪，让我们先看看应用的模型，如图 57 所示。

完成第一个测试

首先创建一个 `describe()` 方法，包含相关的测试点。图 57 所示的模型中，应用最基本的功能是添加一个待办事件到事件列表中。读者可能会意识到 Jasmine 与 Ruby 的 RSpec 框架具有一定的相似性。`describe()` 包含一条消息和一个功能。括号内添加了描述特定行为的例子。

图 57 待办事件模型

jasmine/jasmine/spec/add_todo_spec.js
```
describe('I add a ToDo', function () {
  it('should call the addToDo function when create is clicked', function () {
  });
  it('should trigger a click event when create is clicked.', function() {
  });
});
```

第二行代码描述了点击 create 按钮之后的行为。点击按钮，该应用会调用一个方法来添加待办事件。第二个行为描述的是点击 create 会出发一个事件，我们需要验证的是 click() 事件是否被调用了。

用 Jasmine 测试之前，要设置测试用例、应用程序和第三方测试库的路径。在配置 Jasmine 时，修改 SpecRunner.html，删除之前提到的 spec 文件，添加 add_todo_spec.js 的路径。

jasmine/jasmine/SpecRunner.html
```
<!--The jQuery additional commands, for fixtures and such -->
<script type="text/javascript"
  src="lib/jasmine-1.0.2/jasmine-jquery-1.2.0.js">
</script>

<!-- include source files here... -->
<script type="text/javascript"
  src="http://ajax.googleapis.com/ajax/libs/jquery/1.7/jquery.min.js"
  charset="utf-8">
</script>
<script src="../add_todo.js" type="text/javascript" charset="utf-8"></script>

<!-- include spec files here... -->
<script type="text/javascript" src="spec/add_todo_spec.js"></script>
```

在 Firefox 打开 SpecRunner.html 以执行测试用例时，你会发现测试用例都是绿色，看起来所有的测试都通过了。然而并非如此。回顾我们写的测试用例，它们实际上啥也没做。可我们想测试一些实际的功能，现在编写一些会失败的测试用例，然后实现相应的代码，来让测试通过。

现在开始第一个测试：点击 Create 按钮后，确保 addToDo() 函数将被调用。

jasmine/jasmine/spec/add_todo_spec.js
```
$('#create').click();
expect(ToDo.addToDo).toHaveBeenCalledWith(mocks.todo);
```

我们想测试单击事件是否调用了 addToDo() 函数。要调用单击事件，需要运行一些 HTML 代码来实际执行 JavaScript。Jasmine-jQuery 插件的优点之一是支持 fixture（测试夹具），我们可以写一段与测试有关的 HTML 代码，它通常不会改变，且可在以后的测试中复用。我们的应用页面上有一个文本框，一个 create 按钮以及一个待办事件列表，我们在一个夹具文件中模拟这个应用程序。Jasmine 会在 jasmine/spec/javascripts/fixtures 下寻找应用程序的夹具文件。创建一个 index.html 文件来显示待办事件应用。

jasmine/jasmine/spec/javascripts/fixtures/index.html
```
<fieldset>
  <legend>New ToDo</legend>
  <form>
    <input type="text" id="todo"/>
    <button id="create">Add ToDo Item</button>
  </form>
</fieldset>
<h2>ToDos</h2>
<ol id="todo_list">
</ol>
```

现在已经创建好了一个夹具文件，下面通知测试来使用它。Jasmine 的 beforeEach() 函数可以用来在执行测试前做一些配置工作。beforeEach() 函数就放在 describe() 函数内，用 loadFixtures() 函数加载测试夹具。

jasmine/jasmine/spec/add_todo_spec.js
```
beforeEach(function () {
  loadFixtures("index.html");
});
```

把 beforeEach() 函数放在 describe() 函数内就可以为 describe() 函数内的所有测试用例做配置工作。

> **Joe 问：**
> **为什么使用 Firefox？**
>
> Firefox 是一个第三方支持的稳定的浏览器，它已经在众多开发人员中使用多年。特别是有 Firebug[a] 这样一个附加组件，被称为 Web 开发的"瑞士军刀"。它有检查和修改标记、JavaScript 和 CSS 的功能。Firebug 甚至会分析页面元素的装载时间，并能展示加载顺序。它具有丰富的 JavaScript 调试功能，关于 Firebug 更详细的讨论可参见 31 号秘方。
>
> ---
> a. http://getfirebug.com/

`beforeEach()`是存放测试代码的最佳位置。

测试添加一个待办事项的功能。我们刚刚创建了一个测试固件，还需要准备一些模拟数据。测试固件是一个模拟实际数据的工具，并能使每次测试运行一致。创建一个空的模拟对象，可以将不同的值赋给它。下面的空对象需要加在 `beforeEach()` 之前。

jasmine/jasmine/spec/add_todo_spec.js
```
var mocks = {};
```

在测试代码的最开始创建一个全局变量，可以在这个对象添加方法和属性值。由于 Jasmine 测试是与应用程序交互的，使用一个 mock 对象可以将测试对象有效分离。

我们会在 `beforeEach()` 内的模拟对象新建一个 todo 变量。用 jQuery 将模拟对象的 todo 赋值给 to-do 文本框。我们知道文本框需要知道 todo 的 id。

jasmine/jasmine/spec/add_todo_spec.js
```
mocks.todo = "something fun";
$('#todo').val(mocks.todo);
```

这里给 todo 赋的值是 `something fun`，然后将其填入文本框。

我们使用的是 TDD 方法，所以应该先写好测试代码，然后使其通过。由于还没有写任何代码，执行后会得到如图 58 所示的失败结果。

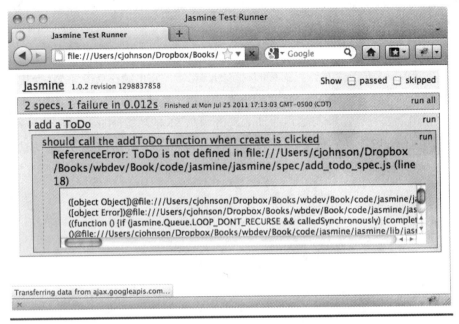

图 58 第一次失败的测试

准备测试用例让测试结果变绿

我们需要把应用的代码保存到一个地方，在应用的根目录创建文件 add_todo.js。用一个名为 ToDo 的 JS 对象来实现需要的功能，并使其更加易于测试。在 ToDo 对象中添加三个功能：

```
jasmine/add_todo.js
var ToDo = {
  setup: function(){
  },
  setupCreateClickEvent: function(){
  },
  addToDo: function(todo){
  }
};
```

add_todo.js 文件就绪后，我们要添加所有的功能，以使应用程序工作。先从 setup() 函数开始，应用程序和测试都会调用它。它将调用 setupCreateClickEvent() 函数,并将 click() 事件绑定在创建按钮上。用户单击 create 按钮时,浏览器将会发送一个 click() 事件，从而触发 addToDo() 函数。

```
jasmine/add_todo.js
var ToDo = {
  setup: function(){
    ToDo.setupCreateClickEvent();
  },
  setupCreateClickEvent: function(){
    $('#create').click(function(event){
      event.preventDefault();
      ToDo.addToDo($('#todo').val());
      $('#todo').val("");
    });
  },
  addToDo: function(todo){
    $('#todo_list').append("<li>" + todo + "</li>");
  }
};
```

在 setupCreateClickEvent() 函数中，我们将 preventDefault() 事件传递到 click() 函数，它可以使按钮暂不提交表单。然后，调用 addToDo() 函数，并将参数值传递给 todo 字段，再将 todo 置空以备下次使用。在 addToDo() 函数中，用 jQuery 的 append() 函数把新加的待办事项追加到列表中。

```
jasmine/jasmine/spec/add_todo_spec.js
ToDo.setup();
```

再转到我们的 spec，将 Todo.setup() 的调用添加到 beforeEach() 中。

这样执行每个测试用例之前都会调用 ToDo.setup()，且 click() 事件会绑定在 create 按钮上。

我们第一个测试的重点是 ToDo.addToDo() 否能被调用。为了验证函数是否被调用，我们需要使用 "Jasmine spy[24]"。它是一种多用途的测试"替身"，可以作为一个 stub、fake、mock。stub 是一个预先定义好的反馈，通常是一个方法的返回值。无论传递给它的参数是什么，它总是返回预定义值。fake 是一个有工作部件的对象，但它的工作部件都是简洁版的。mock 类似于 fake，但它比 fake 做的要多，它会检查到底发生了什么，比如是谁调用了它，调用了多少次，用了什么参数。在一个函数上附加 spy，能检查函数是否被调用，被调用的次数，以及每次调用的参数。

---

24 http://pivotal.github.com/jasmine/jsdoc/symbols/jasmine.Spy.html

想在 `expect(ToDo.addToDo).toHaveBeenCalledWith(mocks.todo)` 使用断言，只需要在测试用例的最前端添加 `spyOn()`，而不用真正调用它。在这种情况下，`addToDo()` 函数将要被调用时，spy 劫持 `addToDo()`，然后检查断言 `toHaveBeenCalledWith(mocks.todo)` 是否为真，也就是说，不管 `mocks.todo` 是什么值，这个函数都会被调用。

jasmine/jasmine/spec/add_todo_spec.js
```
spyOn(ToDo, 'addToDo');
```

我们监控 ToDo 的 `addToDo()` 函数。断言是用来验证函数被调用时使用的是 `mocks.todo` 中的值。这能使我们更清晰地了解了将要实现的代码。

明白 spy 都做些什么后，可以开始第二个测试了，也就是测试点击 Create 按钮会触发 click 事件。我们需要监控 `click()` 事件，然后单击 Create 按钮，并判断 `click()` 是否被调用了。以下是添加在第二个测试用例中的代码。

jasmine/jasmine/spec/add_todo_spec.js
```
spyOnEvent($('#create'), 'click');
$('#create').click();
expect('click').toHaveBeenTriggeredOn($('#create'));
```

我们并不是要执行 `click()` 函数，而是要确保它被调用。通过使用 `spyOnEvent()`，Jasmine 再次截获了 `click()` 事件，从而能够判断断言结果。

到这里，我们的测试和相关代码已经完成了，去看看测试是否通过了吧。在 Firefox 打开 `SpecRunner.html`，将会看到如图 59 所示的测试结果。

测试就绪了，让我们完成最后的工作，编译 `index.html` 页面实现待办事件的功能吧。

收尾工作

为了完成测试，我们要创建一个 JavaScript 文件以保存 `DomReady()` 函数。创建一个单独的 JavaScript 文件，能够确保设置测试的状态，而不受到外部影响。最后创建 app.js。

```
jasmine/app.js
$(function() {
  ToDo.setup();
});
```

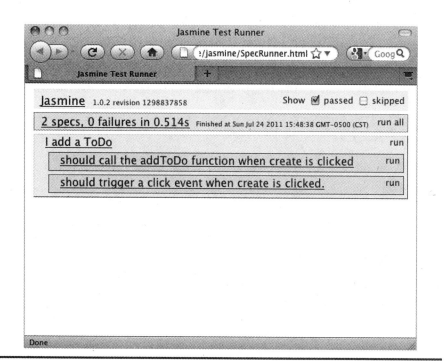

图 59　Jasmine 测试通过

在这里只调用了 `ToDo.setup()` 函数。这为我们提供了极大的灵活性，因为主要的代码存在了 `add_todo.js` 中。

最后，基于我们的测试夹具创建 `index.html`。它需要引用 `app.js` 和 `add_todo.js` 文件。接下来让我们以一个简单的 header 来开始 `index.html`。

jasmine/index.html
```html
<!DOCTYPE html>
<head>
  <title>My Great ToDo List</title>
  <script type="text/javascript"
    src="http://ajax.googleapis.com/ajax/libs/jquery/1.7/jquery.min.js">
  </script>
  <script type="text/javascript" src="app.js"></script>
  <script type="text/javascript" src="add_todo.js"></script>
</head>
```

页面的主体部分要与我们的夹具相同，这样测试才能执行应用响应的代码。

```html
jasmine/index.html
<body>
  <fieldset>
    <legend>New ToDo</legend>
    <form action="#" method="post" accept-charset="utf-8">
      <input type="text" id="todo"/><button id="create">Add ToDo Item</button>
    </form>
  </fieldset>

  <h2>ToDos</h2>
  <ol id="todo_list">
  </ol>

</body>
</html>
```

在 Firefox 中打开 index.html，会看到如图 60 所示的页面。

现在我们试用了 TDD 的开发过程，使我们的应用通过了测试并能正常运行。

深入研究
Further Exploration

为了扩大我们对 Jasmine 的了解，可以为其他秘方添加一些测试，可在 9 号秘方或 11 号秘方中尝试一下。你可以通过添加测试和功能来限制添加空白的待办事件以继续测试这个秘方。还可以使用 JasmineCoffeeScript(见 29 号秘方)，它提供了带语法安全编译器的可测试的 JavaScript。

另请参考
Also See

- 33 号秘方　使用 Selenium 测试浏览器
- 34 号秘方　Cucumber 驱动 Selenium 测试
- 29 号秘方　以 Coffee Script 清理 JavaScript
- 31 号秘方　调试 JavaScript

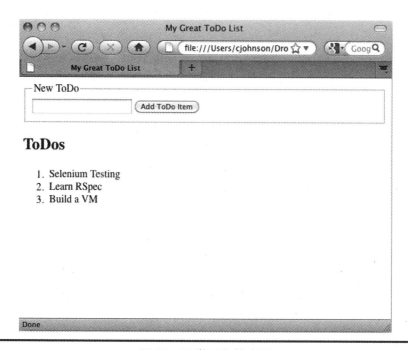

图 60　正常工作的应用

第 7 章

安装部署

Hosting and Deployment Recipes

我们希望更多的人看到我们自己的工作成果，但是仅仅看到还只是第一步。网站上线后，我们还要保证网站是安全的。本章将阐述如何部署、发布我们的工作成果，如何使用 Apache，如何重新定向请求，如何保护内容以及网站的安全。

36 号秘方　使用 Dropbox 来托管静态网站
Using Dropbox to Host a Static Site

问题
Problem

我们有一个网站项目要和远程的同伴协作。这个远程同伴无法通过 VPN 访问服务系统，并且由于防火墙的限制，我们只能从内部进行网络部署。另外，我们还希望创建一个可以公开访问的 URL，更方便地共享文件。

工具
Ingredients

- Dropbox[1]

解决方案
Solution

可以使用 Dropbox 来协作开发静态网站，并且可以轻松地共享给外部用户。使用 Dropbox 就不需要考虑防火墙的问题，也省去了用 ftp 服务器或者邮件传输文件的麻烦。Dropbox 本身是跨平台的，可以大大提高工作效率。

我们和合作伙伴 AwesomeCableCo 公司共同承办 Youth Tech Days 的活动，Rob 是 AwesomeCableCo 公司的设计师。我们需要设法和 Rob 一起开发活动的网站，并且及时把工作进展汇报给老板。

我们需要一个文档纪录如何搭建环境，并把它发给 Rob，让我们先从安装 Dropbox 开始。

安装完 Dropbox 后，计算机会自动生成一个 Dropbox 的文件夹，其下包含一个 `Public` 文件夹，如 61 图所示。稍后会用这个文件夹来共享文件。首先我们在这个 `Public` 文件夹中创建一个 `youth_tech_days` 的目录。

1　http://www.dropbox.com

图 61　Dropbox 创建的文件夹

现在创建了工作空间，我们需要邀请 Rob 进入这个文件夹，并和我们一起工作。在刚创建的目录上右键单击，可以看到弹出菜单中有一个共享文件夹（Share this folder）的选项，如图 62 所示。

我们选择"共享文件夹"选项后，会打开 Dropbox 网站来完成共享的设置过程，如图 63 所示。填写必要的信息后即可将这个文件夹共享给 Rob。

现在我们将该网站的文件移到 youth_tech_days 文件夹中（你可以在本书的源代码中找到），现在网站文件的目录结构如图 64 所示。

无论何时，当我们把文件放进这个目录后，它们在 Rob 的计算机上也会出现。当 Rob 更新文件的时候，我们这边也会保持同步。当我们修改文件时，需要和 Rob 沟通以防止将他的工作内容覆盖，Dropbox 会自动处理冲突。当我们和 Rob 同时处理某一个文件时，Dropbox 会保存多份备份并用消息提示我们冲突的文件名。这个方法对于简单的场景可行，但是如果我们进行复杂的协作，就应该使用 Git 来处理（详见 30 号秘方）。

现在需要给老板展示工作成果了。我们直接把文件放入公共目录中，这就意味着只要知道 URL，就可以通过网络访问。那么如何找到我们网站的文件（index）的入口地址呢？右击入口文件，选择"拷贝公共链接"，就会把其地址存在粘贴板中。我们得到的地址类似于 http://dl.dropbox.com/u/33441336/youth_tech_days/index.html，我们可以打开浏览器来测试这个地址是否能正常工作。

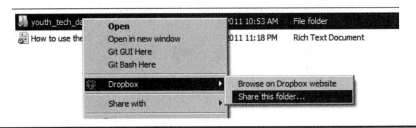

图 62　共享文件夹

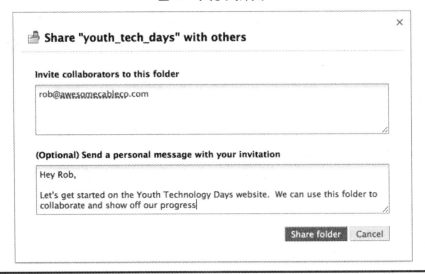

图 63　Dropbox 共享设置向导

太棒了，通过这个方法我们可以和不在公司内部的人一起工作，也可以方便地展示进度，而无需借助 FTP 服务器、web 服务器或 VPN 接入。我们既可以添加其他人到我们的项目中，也可以把 URL 发给任何对我们的工作进度感兴趣的人。

深入研究
Further Exploration

下面探讨一下为我们的合作伙伴或朋友共享非公共目录。我们也可以使用 Dropbox 作为工具在几台计算机之间备份文件。我们还可以使用公共文件夹给妈妈发送一个她自己无法找到的 IE 补丁，甚至可以让客户把他网站上需要用到的照片或素材发给我们。

图 64 Youth Tech Days 网站文件目录结构

此外，还有如下很多用法：

- 存放我们需要在博客文章中共享的文件；
- 和每一位客户共享文件夹以方便协作；
- 映射一个虚拟的域名到公共目录上；
- 使用 JekyII 创建自己的博客并存放在 Dropbox 上。

如果你的注册商或 DNS 服务提供商支持重定向，你可以建立一个让人们更容易记得的页面。

另请参考
Also See

- 30 号秘方　以 Git 管理文件
- 27 号秘方　以 Jekyll 创建简单 Blog

37 号秘方　建立虚拟机
Setting Up a Virtual Machine

问题
Problem

我们需要在本地搭建一个服务器来测试我们的 PHP 脚本和环境配置。

工具
Ingredients

- VirtualBox[2]
- Ubuntu 10.04 Server image[3]

解决方案
Solution

我们在便携机或工作站上使用虚拟化和开源的工具来创建服务器需要的配置。我们将使用免费的 VirtualBox 软件和 Ubuntu 服务器 Linux 版来搭建这个环境，然后我们将搭建可以支持 PHP 运行的 Apache web 服务器来测试 PHP 网站。

创建我们的虚拟机

我们需要两个软件，分别是服务器版 Ubuntu 操作系统和开源的虚拟化软件 VirtualBox。VirtualBox 可以在我们现有的操作系统上创建一个虚拟的工作站或服务器环境，并且使其运行在沙箱（sandbox）中，使其不会真正影响我们实际的操作系统。

首先，我们需要访问 Ubuntu 的下载页面[4]下载 32 位服务器版本的 Ubuntu 10.04 LTS，以取代最新的发布版。LTS 是"Long-term Support"的缩写，表示在很长的时间里我们都可以获取必要的升级，LTS 发布版本中的软件不全部是最新的，但却是合适的。

---

2 http://www.virtualbox.org/
3 http://www.ubuntu.com/download/ubuntu/download
4 http://www.ubuntu.com/download/server/download

在下载 Ubuntu 的同时，我们去 VirtualBox 主页[5]下载最新版本的 VirtualBox，选择适合自己操作系统的版本。下载完成后，安装并运行 VirtualBox。

运行 VirtualBox 后，需要单击"new"按钮打开虚拟机的创建向导。我们要给即将创建的虚拟机命名（如 My Web Server），然后选择 linux 操作系统和 Ubuntu 版本。我们还需要设定该虚拟机的内存大小和磁盘空间大小，我们也可以选择默认值，其配置通常比较合适的。我们的虚拟机有 512M 内存和 8GB 的磁盘空间。

虚拟机创建完成后，可以单击"设置"按钮来配置其他的属性。我们需要将其网络类型从 NAT 修改为"桥接"，如图 65 所示，这样就可以通过本机访问创建好的服务器。

现在我们可以单击"启动"按钮来运行虚拟机了，VirtualBox 会判断是否是第一次运行，如果是，则会启动 Ubuntu 安装向导。我们需要选择如何获取安装文件，可以从 CD 中获取，也可以使用下载的 ISO 镜像文件，一旦我们选项了安装文件，VirtualBox 就会启动并开始安装 Ubuntu。

根据需求，我们可以接受 Ubuntu 安装过程中的所有默认设置。主机名可以输入任何你喜欢的名字，也可以采用其默认的名字。你还会被问到磁盘分区，可以接受其默认设置，并在提示是否允许将修改写回磁盘时回答"确定"。这只是虚拟机，它是不会真的删除磁盘数据的。

在安装快结束时，我们需要创建一个账号，这个账号是我们用来登录这个服务器并做相关配置的，所以这里可取名为"webdev"，我们可以使用它作为全名和用户名。我们还需要设置一个密码，你可以任意设置，只要别忘记就可以了。

当被问到是否需要安装预定的软件时，只要选择"继续"就可以了，我们会在安装完成后再自行安装。

---

[5] http://www.virtualbox.org/

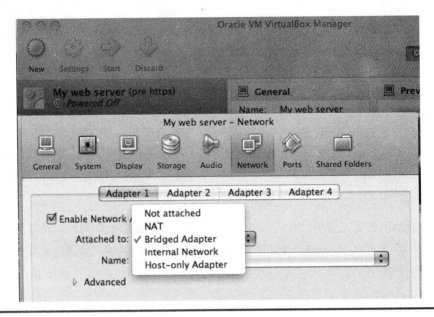

图 65　设置网络类型为桥接

当安装最终完成的时候，虚拟机会重启并提示我们使用刚创建的用户名和密码登录。输入账号和密码来查看 Web 服务器是如何运行的。

配置 apache 和 php

得益于 Ubuntu 的包管理系统，我们可以快速地运行支持 PHP 的 Apache Web 服务器，登录后，输入如下命令：

```
$ sudo apt-get install apache2 libapache2-mod-php5
$ sudo service apache2 restart
```

第一条命令安装 Apache web 服务器和 PHP5 语言，并创建一个服务于 PHP 页面的 Apache 环境。第二条命令重新加载 Apache 的配置文件以确保 PHP 的配置生效。现在可以设置 VPS 来将文件拷贝到应用服务器的目录中了。

将文件拷贝到虚拟服务器上

开始使用虚拟服务器前，我们需要搭建服务以将文件拷贝过去。

Apache 为 /var/www 文件夹下的所有文件提供服务，但是能往这个文件夹存放文件的只有 root 用户，所以需要修改这个限制，其方法是修改该文件夹的所有权，其命令如下：

```
$ sudo chown -R webdev:webdev /var/www
```

然后需要安装 OpenSSH，有了它，就能像使用托管主机一样，通过 SFTP 客户端将我们的文件拷贝过去。

```
$ sudo apt-get install openssh-server
```

这样，就可以通过任何一个 SFTP 客户端连接上去，我们需要虚拟机的 IP 地址，可以通过如下命令获取：

```
$ ifconfig eth0
```

我们的 IP 地址如下：

```
inet addr: 192.168.1.100
```

现在可以通过 SFTP 客户端连接这个 IP，然后输入我们在创建虚拟机时设定的用户名和密码。在 Windows 环境下，可以使用 FileZilla，在 Mac 环境下，可以使用 Cyberduck 或者使用命令行。我们可以使用 scp 命令来传输文件。例如，如果在主目录下有个 HTML 文件，想将其传输到服务器上，可以这样做：

```
scp index.html webdev@192.168.1.100:/var/www/index.html
```

我们指定了源文件名，紧跟目标文件路径。目标文件路径的构成是用户名加上@符号，再加上目标服务器的 IP 地址，最后跟上存放该文件的绝对路径。

有了虚拟机，就可以使用它作为测试环境，以使我们在部署代码到生产环境前就能积累足够的经验。

深入研究
Further Exploration

虚拟机给我们提供了一个很好的环境来测试、试验，甚至搞破坏性测试，我们还可以做更多。VirtualBox 的"快照"功能让我们可以创建一个恢复点，这样，在犯错后可以方便地恢复到这个点。这个特性对于我们测试新技术非常有用。除此之外，我们还可以创建"套装"，或者创建指定预置包的虚拟机。我们可以创建一个包含 PHP、MYSQL 和已配置的 Apache 的 php 套装，把这个虚拟机共享给其他人，使得其他人能快速地创建需要的虚拟环境。

虚拟机对发布实际的程序极其有用，例如，我们可以创建一个生产环境快照，当我们升级失败或者发现安全漏洞的时候能恢复系统，我们也可以复制虚拟机来进行扩容测试。商业产品 VMware 提供了企业级的解决方案，能在一台物理设备[6]上搭建多个虚拟机。VMware 同时也提供了一些工具来将物理设备转换成虚拟机[7]。

另外参考
Also See

- 39 号秘方　使用 SSL 和 HTTPS 来加强 Apache 安全

6　http://www.vmware.com/virtualization/
7　http://www.vmware.com/products/converter/

38 号秘方　使用 Vim 修改 Web 服务器配置文件
Changing Web Server Configuration Files with Vim

问题
Problem

当我们需要修改服务器配置文件时，下载到本地修改后再传回服务器比直接在服务器上修改要快得多。

工具
Ingredients

- 虚拟机[8]
- Vim 文本编辑器

解决方案
Solution

很多使用 Linux 的生产服务器都没有图形化的操作界面，但是可以使用基于命令行的文本编辑器（Vim）来修改相关的配置。Vim 是基于效率优先而设计的文本编辑器，它具有轻量级、易配置的特点，所以经常用于服务器。

我们在客户的生产服务器上部署了一个新的网站，但是我们忘记配置 404"页面无法找到"。其默认的"页面无法找到"的消息页面是工程师风格的，我们的客户肯定不会喜欢，所以我们需要修改 Apache 的配置文件来自定义 404 页面。

在本秘方中，使用 37 号秘方中创建的虚拟主机，在没用定制错误页面前，我们先熟悉如何在 Vim 下编辑文件。

---

[8] You can grab a premade VM from http://www.webdevelopmentrecipes.com/.

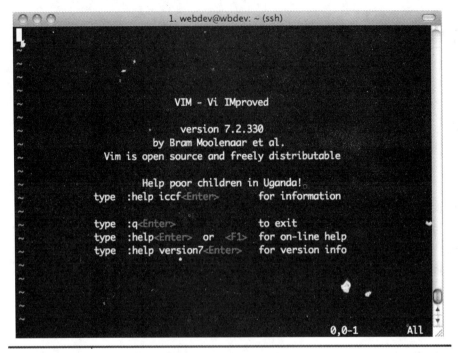

图 66　Vim 的启动界面

用 Vim 编辑文件

首先登录到虚拟主机的控制终端中，登录后可以输入如下命令启动 Vim：

```
$ vim
```

当我们没有指定处理的文件运行 Vim 时，可以看到如图 66 所示的界面，显示了一些关于 Vim 的简单介绍。

在 Vim 中只能通过键盘来移动光标或打开保存文件，下面所列为 Vim 的不同模式。

- 正常模式，用来在文件中导航或者切换到其他模式。
- 插入模式，用来输入文字或者修改文件。
- 命令行模式，可以执行诸如保存和打开文件等指定的命令。
- 可视化模式，可以操作被选中的文字。

第一次打开 Vim 时，默认是正常模式，可以通过按下"i"键进入插入模式。当在插入模式下，可以看到屏幕的底部出现一个--INSERT--标识。

在插入模式下，输入"Welcome to Vim"，然后按回车键，继续输入"Let's have some fun!"，我们现在应该得到一个如下的文件：

```
Welcome to Vim
Let's have some fun!
```

输入了需要的文字后，可以按"ESC"键回到正常模式。在正常模式下，我们可以使用方向键或"h、j、k、l"导航键逐字符地移动光标。这些用来导航的按键使得你的手指始终在键盘上，通过练习，可以快速地在文件中移动。h 键向左移动，l 键向右移动，k 键向上移动，j 键向下移动一行。如果你想记住每个键的移动方向，记住 j 键看上去和向下的箭头有点像，所以按 j 的时候往下移动一行。

在正常模式下，我们可以保存并关闭文件，输入":"（冒号）可切换到 Vim 的命令行模式，还可以输入":w"或者"write"来保存文件。我们可以在命令行中传入保存的文件名，所以如果想将这个文件保存为 test.txt，可以使用下面的命令：

```
:w test.txt
```

在编辑文件时，输入":w"就可以直接保存了，无需再输入文件名。

最后，使用":q"命令退出 Vim。

除了前面讲的三个命令之外还有很多其他的命令，但是对于显示一个友好的错误提示页面来说，这三个命令就已经够用了。

创建定制的错误页面

有很多方法来定制 Apache 对最终用户展示的错误页面。我们可以修改 Apache 的主配置文件，可以修改网站的配置文件，还可以使用一个叫做 .htaccess 的配置文件。使用 .htaccess 文件可以让我们能针对每个目录进行控制。在一些托管服务主机环境下，这是我们用来修改错误页面等配置的唯一方法，因为我们没用权限编辑其他的配置文件。下面讲解如何使用 .htaccess 来配置 Apache。

首先我们需要启用 Apache 的 `mod_rewrite` 扩展，`mod_rewrite` 的细节我们将在 41 号秘方中详细讲解。在服务器的终端命令行中输入如下命令：

```
$ sudo a2enmod rewrite
```

接下来，我们需要告诉 Apache 针对这个站点允许重写其属性文件，否则，Apache 将会忽略所有 `.htaccess` 中的配置。我们使用 vim 来修改其默认站点的配置文件：

```
$ sudo vim /etc/apache2/sites-enabled/000-default
```

使用导航键（`h`，`j`，`k` 和 `l`）来取代方向键以移动光标，并修改网站目录 `/var/www` 的 `AllowOverride` 的值。将光标移动到 AllowOverride none 的最后，按下"`i`"键进入插入模式，然后删掉 `none`，输入 `All`。我们的配置文件现在看上去如下：

```
<Directory /var/www>
    Options Indexes FollowSymLinks MultiViews
    AllowOverride All
    Order allow,deny
    allow from all
</Directory>
```

编辑完成后，按"`Esc`"键退出插入模式，然后输入"`:w`" 保存文件，最后输入"`:q`" 退出 vim。

接下来，我们需要创建一个用来展示 404 的页面。切换到网站的根目录下，使用 vim 来创建一个名为 404.html 的新 404 页面。

```
$ cd /var/www
$ vim 404.html
```

到目前为止，这个文件还是个空白文件，我们可以按"`i`"键进入插入模式，输入如下代码：

```html
<h1>We're sorry</h1>
<p>
  The page you are looking for can't be found.
  It may have been moved to a new location.
</p>
<p>
  You might be able to find what you're looking for
  <a href="/">here</a>.
</p>
```

和前面一样，我们按"`Esc`"键退出插入模式，输入"`:wq`" 来保存并退出 vim。

现在已经创建了 404 页面，我们需要告诉 Web 服务器来展示它，在 var/www 目录下创建 .htaccess 文件：

$ **vim .htaccess**

然后添加一条配置规则来定义 404 页面的路径，按下 "i" 键进入插入模式，输入如下规则：

ErrorDocument 404 /404.html

注意，这里的路径指的是其相对于网站的地址而不是其存储在服务器硬盘上的存储路径。然后按 "Esc" 键退出插入模式，输入 ":wq" 保存文件。我们可以打开浏览器，输入一个并不存在的页面地址来测试 404 页面是否配置成功。这里，我们定制了一个 404 页面以取代系统自带的 404 提示页。

深入研究
Further Exploration

说 vim 只是个文本编辑器就好比说熏肉只是块肉一样，但熏肉相比肉而言更加美味。通过正确地使用插件，我们可以把 vim 变成强大的 IDE。针对不同的操作系统[9]都可以找到适合自己开发机器上使用的 vim，通过不同的插件来满足我们日常的需求[10]。

一旦你找到了有用的插件，就可能会需要 Pathogen 来管理你的插件。通常情况下，我们会将插件安装在指定的目录下，但是 Pathogen[11] 能更轻易地管理插件。我们将下载的插件安装在 .vim/bundles 目录下，Pathogen 告诉 vim 在这个目录和其子目录上加载插件。此外，还有很多流行的插件是托管在 Github 上的，开发者使用 git 命令将其克隆到 .vim/bundles 下，这样安装的插件可以使用 git pull 来更新。

学习如何用 vim 处理复杂的任务，可参考 VimCasts[12]。该网站的视频中讲解了如何更加深入的使用 vim 和其插件。

---

9 http://www.vim.org/download.php
10 http://www.vim.org/scripts/script_search_results.php
11 http://www.vim.org/scripts/script.php?script_id=2332 12. http://vimcasts.org/
12 http: //vimcasts.org

另请参考
Also See

- 37 号秘方　建立虚拟机
- 39 号秘方　使用 SSL 和 HTTPS 来加强 Apache 安全
- 41 号秘方　URL 重写来保护链接

39 号秘方 使用 SSL 和 HTTPS 来加强 Apache 安全
Securing Apache with SSL and HTTPS

问题 Problem

当我们的应用或网站中涉及个人信息的时候，我们有责任保证其安全。我们需要确保存储个人信息的服务器和数据库是安全的，同时还应确保用户的电脑访问服务器的数据传输过程也是安全的。我们需要配置 Web 服务器使用户在连接网站的时候使用 SSL 连接。

工具 Ingredients

- 一个用来试验的 Ubuntu 虚拟机
- 支持 SSL 的 Apache 服务器

解决方案 Solution

要搭建一个安全的服务器，我们需要 SSL 证书。一般情况下，线上网站所使用的 SSL 证书都是由第三方机构认证的，这样能给客户更好的安全感。

获取 SSL 证书是需要付费的，但我们不想为生产环境付费。出于测试的目的，我们可以创建"自签名"的证书。

我们使用在 37 号秘方中创建的虚拟机来进行实践[13]。通过这种方式，我们可以为搭建生产环境做好预演。我们在虚拟机的终端中执行命令。

为开发环境创建一个"自签名"的证书

无论是获取第三方的 SSL 证书还是自己签发一个 SSL 证书，其操作过程是一样的。我们发起一个获取证书的请求，这个请求通常情况下会发送给证书签

---

[13] To save time, you can grab a premade VM from http://www.webdevelopmentrecipes.com/.

发机构，在支付一定的费用后，它会给我们返回一个被认证的证书，我们就可以将这个证书安装在我们的服务器上。在自签发证书情况下，我们同时扮演获取证书请求和证书认证这两个角色。

为了创建获取证书的请求，我们启动虚拟机，登录到控制台，输入如下命令：

```
$ openssl req -new -out awesomeco.csr
```

该命令会创建一个证书（awesomeco.csr）文件和一个私钥（privkey.pem）文件。

在创建过程中，我们需要为新私钥提供密码，并提供公司名等详细信息，如果你计划从证书签发机构获取证书，请提供真实的信息。

我们在每次使用的时候都需要输入密码，在重启服务器时也需要重新输入。尽管比较安全，但是也带来了一些不便，这在线上的生产服务器上也不便于管理。因此，我们可以创建一个不需要密码的密匙。

```
$ sudo openssl rsa -in privkey.pem -out awesomeco.key
```

现在有了获取证书的请求，我们可以给它签名，命令如下：

```
$ openssl x509 -req -days 364 -in awesomeco.csr \
-signkey awesomeco.key -out awesomeco.crt
```

该命令创建的证书有效期是 1 年。

最后，我们需要将刚刚生成的证书和私钥文件复制到恰当的地方。

```
$sudo cp awesomeco.key /etc/ssl/private
$sudo cp awesomeco.crt /etc/ssl/certs
```

现在可以修改 Apache 的配置文件来使用 SSL 了。

配置 Apache 以使用 SSL

我们需要在服务器上启用 Apache 的 SSL 的支持模块，既可以手工编辑已安装模块列表，也可以输入如下命令：

```
$ sudo a2enmod ssl
```

这个命令会帮助我们启用 SSL 模块。

接下来，我们需要告诉 Apache 采用 SSL 来服务网站。

创建一个单独的配置文件来启用 SSL 的网站，创建 /etc/apache2/sites-available/ssl_example 文件，并添加如下信息到该文件中。

```
<VirtualHost *:443>
ServerAdmin webmaster@localhost
DocumentRoot /var/www
<Directory /var/www/>
  Options FollowSymLinks
  AllowOverride None
</Directory>
SSLEngine on
SSLOptions +StrictRequire
SSLCertificateFile /etc/ssl/certs/server.crt
SSLCertificateKeyFile /etc/ssl/private/server.key
</VirtualHost>
```

我们在 443 端口开启一个新的虚拟服务，其中的 Document Root 指定我们网站的的根目录，Directory 模块中配置了一些基础权限。

接下来的几行配置了 SSL 连接，开启 SSL 支持，并保证其已严格执行，并指明证书文件和私钥文件的位置。

保存如上的配置文件后，我们需要启用这个配置并告诉 Apache 重新加载其配置文件。

```
$ sudo a2ensite ssl_example
$ sudo /etc/init.d/apache2 restart
```

现在就可以通过 SSL 来访问网站了，在浏览时，我们可能会收到一些告警信息。这些告警信息是正常的，因为我们使用的证书是自颁发和自签名的，而这对一般用户来说是不安全的。如果每个人都能自己颁发证书，并被用户浏览器认证的话，该网站往往反而是不安全的，所以也就产生了第三方独立的机构。

和证书提供商打交道

我们不想让用户觉得我们试图窃取他们的信用卡信息或者用他们的信息做不正当的事情，所以我们需要获取一个值得信任的证书。要获取证书，和我们获取自签名证书的过程一样，不过这里是向第三方认证机构发布申请，并在支付一定的费用后，机构会给我们发回证书和一些安装使用指南。

有些认证机构不只是收钱颁发证书这么简单，他们还会验证你的合法性信息，当你的用户在浏览器上查看该证书的时，就会看到该机构提供的相关信息，这在一定程度上会增加用户网站的信任。这样做会花费更多，但是如果对你的事业有益，那么这些付出将是值得的。

有很多的证书颁发机构，Thawte[14]和 VeriSign[15]是被人熟知的认证机构，你需求做些比较以找到更合适自己的认证机构。如果你使用了主机托管服务，可以和他们联系给自己的网站获取一个签发的证书。

深入研究
Further Exploration

我们可以使用的 SSL 证书的类型有很多种。我们可以给单独的一台服务器申请一个证书，也可给一个域名申请"通用"的证书。"通用"证书要比单台服务器证书贵很多。

最后，Server Name Indication (SNI)证书是更便宜的解决方案，但是它只能在较新的浏览器中使用。SNI 证书非常适用于组织内部网站系统，这样就可以限制客户端的浏览器，除此之外，还可以根据主机名或者基于 IP 地址的认证方式。

另请参考
Also See

- 37 号秘方，建立虚拟机

---

[14] http://www.thawte.com
[15] https://www.verisign.com/

40 号秘方　保护你的内容
Securing Your Content

问题
Problem

当我们管理服务器上文件的时候，很容易用简单的方式锁定某些文件和文件夹。当我们只想对一部分选定的用户开放文件的访问权限时，我们需要一个简单权限验证方案。

工具
Ingredients

- 装有 Apache 的开发服务器

解决方案
Solution

当把文件存放在 web 服务器，默认情况下是所有人都可以读取。有时我们不想所有人都能看到，我们可以创建一些基础的权限验证来保护这些文件。Apache 允许我们创建配置文件来指定哪些目录和文件在权限验证不通过的情况下是无法访问的。我们接下来就来看看如何设置。

基本的 HTTP 身份验证

Apache 工作时会寻找 .htaccess 文件。这个文件告诉 Apache 针对指定的目录是如何来配置的。在 .htaccess 文件中，我们可以启用密码来保护文件，设定用户访问的标准、重定向规则及错误展示页，等等。

现在创建一个用来认证的文件。请确保你已经阅读过 37 号秘方，我们需要一个开发服务器来进行测试。登录到开发服务器后，首先要确认 Apache 正在运行。

```
$ sudo service apache2 restart
```

我们现在可以开始搭建鉴权系统了。针对基本的 HTTP 身份验证的方案，我们需要创建一个文件来保存其用户名和密码列表。我们可以使用 htpasswd 这个命令来产生用户名和加密的密码。我们接下来开始创建用户，并把这个文件放在 home 目录下。

> **Joe 问：**
> **在活动服务器中应将 .htpasswd 文件放在哪里？**
>
> 大多数的共享服务提供商限定我们只能在 home 目录下活动。这就意味着 Apache 中配置的网站的根目录指向 `/home/webdev/mywebsite.com/public_html` 这样的目录。因为你常常会托管多个网站，最好是每个网站都有自己单独的文件夹。出于安全的考虑，应该将 .htpasswd 文件放在该网站的目录下。例如，要为 mywebsite.com 这个网站生成 .htpasswd 文件，可以输入如下命令：
>
> `$ htpasswd -c ~/mywebsite.com/.htpasswd webdev`
>
> 这样就可以为每个网站设置一份独立的访问用户。

```
$ htpasswd -c ~/.htpasswd webdev
New password:
Re-type new password:
Adding password for user webdev
```

当我们调用 `htpasswd` 时，我们传入文件存放的地址（`~/.htpasswd`）以及用户名（`webdev`），它会提示我们输入密码，并将这个密码加密后存入 htpasswd 文件中。我们使用 `-c` 参数来表示如果这个文件不存在就创建一个新的。如果我们需要，可以使用 `cat` 命令来检查这个文件的内容。

```
$ cat .htpasswd
webdev:mT8fQuzEhguRg
```

现在已经创建了用户，接下来进入网站的根目录，创建 .htaccess 文件（译者注：原书误写为 .htpasswd）。

```
$ cd /var/www
$ touch .htaccess
```

使用文本编辑器打开刚创建的 .htpasswd 文件，添加如下的配置文件：

```
AuthUserFile /home/webdev/.htpasswd
AuthType Basic
AuthName Our secure section
Require valid-user
```

这个文件位于网站的根目录下，这样针对全局的文档都是有效的。打开浏览器输入 `http://192.168.1.100/.`，则会看到如图 67 所示的对话框。

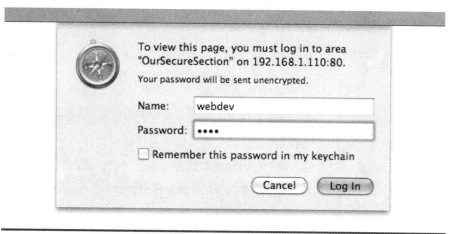

图 67　基本的 HTTP 身份验证的对话框

得益于 Apache 的 HTTP 鉴权系统，使我们便于保护服务器上的文件。

拒绝图片盗链请求

我们要为托管的服务器付款，所以会格外关注带宽和服务器负载。如果我们不想未获权限和许可的人使用我们的图片，可以在 `.htaccess` 中添加一个规则来防止盗链图片。

首先，我们需要开启 Apache 的 `mod_rewrite` 模块来重定向非法的图片请求。如果你想了解更多关于 `mod_rewrite` 的信息，请参考 41 号秘方。

```
$ sudo a2enmod rewrite
```

我们将添加一条规则来处理收到的请求，打开 .htaccess 文件，添加如下配置文件：

```
RewriteEngine on
RewriteCond %{HTTP_REFERER} !^http://(www\.)?mywebsite.com/.*$ [NC]
RewriteRule \.(jpg|png|gif)$ - [F]
```

第一行代码告诉 Apache 启用 `mod_rewrite`。接下来添加了一个规则，拦截所有非法的请求（这里使用的是来源网站而不是我们自己网站的请求）。最后，创建了一个规则匹配所有是图片后缀的请求。我们使用 `[F]` 标志告诉 Apache 这些 url 是禁止访问的。

通过这些，我们可以实现图片的防盗链。

深入研究
Further Exploration

说到内容保护，可以使用的方法还有很多。除了基于密码的保护和重写规则外，我们还可以使用基于 IP 地址的策略，或者是访问网站前一个网站等。依靠 Apache 的配置文件，我们可以通过多种方法来保护我们的内容。如果想了解更多关于重写规则的信息，可参阅 41 号秘方和 Apache 自带的 .htaccess 教程[16]。

另外参考
Also See

- 38 号秘方　使用 Vim 修改 Web 服务器配置文件
- 41 号秘方　Url 重写来保护链接
- 37 号秘方　建立虚拟机
- 42 号秘方　使用 Jammit 和 Rake 自动化部署静态网站

---

16 http://httpd.apache.org/docs/current/howto/htaccess.html

41 号秘方　URL 重写来保护链接
Rewriting URLs to Preserve Links

问题
Problem

我们想围绕一个新的 CMS 系统来重新设计我们的网站，这会导致我们的 URL 规则发生变化。有很多的链接链入原来的页面，但我们不想丢失原来的流量。找到所有链入网站的链接并告诉他们新页面的链接无疑是个不小的工作量，而且可行性也不是很大。我们需要找到一种办法使得用户在访问旧地址的时候能重定向到新的页面上来。

工具
Ingredients

- Apache 服务器
- mod_rewrite

解决方案
Solution

Apache 服务器和 `mod_rewrite` 提供了一种解决方案，使得在请求一个链接的时候加载其指定的文件。这样，能在用户访问我们网站的时候指定其加载的内容。我们还可以使用正则表达式来匹配其规则，而不需要将内容都写一遍。除此之外，我们还可以通过设定请求响应的头文件来告诉搜索引擎新的页面地址。

在本秘方中，我们假设已按照 37 号秘方搭建了一个装有 Apache 的虚拟机。如果你使用的服务器托管在某个公司，则可以联系托管商启用 `mod_rewrite`。

```
<?php phpinfo(); ?>
```

我们首先需要确认 `mod_rewrite` 模块是否已经安装，最简便的方法便是编写一个名为 `phpinfo.php` 的文件，其中包含如下代码：

> **Joe 问：**
> **为什么我们无法看到 .htaccess 文件？**
>
> 在文件浏览器中看不到的文件并非一定不存在，以 . 开头的文件名一般是系统文件或者配置文件，所以一般是隐藏的。如果想看到指定目录下去全部文件，在 OS X 和 Linux 的终端命令行下使用 `ls -la` 命令，在 windows 下可以使用 `dir /a` 命令。

我们将这个文件放到服务器上，然后通过浏览器访问，可以看到各种环境变量信息，但是我们需要在 "apache2handler" 这段配置中寻找 "Loaded Modules" 下是否包含 "mod_rewrite"，如图 68 所示，在 `phpinfo()` 中查看加载的模块（如果上面的操作是在服务器上进行的，请确保检查完成后务必移出这个文件，因为这个文件会透露很多不应该泄漏的私密信息）。如果在上面的过程中我们看到 mod_rewrite 已经加载，就不需要做什么了；如果发现其没有加载，我们需要通过 SSH 连接到服务器，首先在终端命令行中执行 `sudo a2enmod rewrite` 命令来安装它。接下来，打开 `/etc/apache2/sites-available/default` 文件，修改 `<Directory /var/www/>` 这节中 `AllowOverRide None` 为 `AllowOverRide All`。做完这些后使用如下命令重新启动 apache。

```
sudo /etc/init.d/apache2 restart
```

重新启动后，mod_rewrite 就可以使用了。

mod_rewrite 使用 .htaccess 配置文件中的规则来处理请求，并把其重定向到合适的位置上。

```
RewriteEngine on
RewriteRule ^pages/page-2.html$ pages/2
```

最初的 .htaccess 文件只处理单独页面的显示请求，但这也足够验证我们的设置是否正确。配置文件中的第一行表示启用 RewriteEngine，这样就可以使用 mod_rewrite 了。第二行创建了一个重写规则，这个规则中包含三个部分。我们在第一部分通过 RewriteRule 声明我们创建了一条重写规则，接下来我们使用一个正则表达式来匹配用户访问的 URL，最后一部分用来告诉 Apache 加载哪个位置的文件。这个规则会在渲染页面的时候把所有对 pages/page-2.html 的请求使用 pages/2 来替代。通过这个方法，我们就可以使用图 70 所示的新页面来覆盖图 69 所示的旧页面，这样用户在请求旧页面地址的时候可看到如图 71 所示的新页面。

Configuration

apache2handler

Apache Version	Apache/2.2.14 (Ubuntu)
Apache API Version	20051115
Server Administrator	[no address given]
Hostname:Port	drinkatpuzzles.com:0
User/Group	www-data(33)/33
Max Requests	Per Child: 0 - Keep Alive: on - Max Per Connection: 100
Timeouts	Connection: 300 - Keep-Alive: 15
Virtual Server	Yes
Server Root	/etc/apache2
Loaded Modules	core mod_log_config mod_logio prefork http_core mod_so mod_alias mod_auth_basic mod_authn_file mod_authz_default mod_authz_groupfile mod_authz_host mod_authz_user mod_autoindex mod_cgi mod_deflate mod_dir mod_env mod_mime mod_negotiation mod_php5 mod_reqtimeout mod_rewrite mod_setenvif mod_status

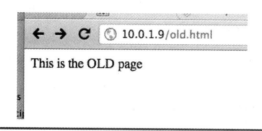

图 68 在 phpinfo()中查看加载的模块

图 69 一个旧页面

这样太好了，但是我们是否需要对每个页面都创建一条规则呢？我们可以使用正则表达式来避免为所有的页面创建一条规则。例如，我们部署升级一套新系统，其升级前的页面地址类似 pages/page-2.html 这样，而新系统则使用 pages/2 这样的规则，我们可以使用如下的配置：

```
RewriteRule pages/page-(\d+) pages/$1 [L]
```

这个规则告诉服务器首先寻找能匹配 pages/page-这样的请求，并获取其中数字的值，然后使用获得的值来指定要加载的页面。pages/page-3.html 对应加载的就是 pages/3，对于无法匹配规则中正则表达式的请求，则会继续按照其请求规则加载，如 pages/678.html 会尝试加载 pages/678.html。上面规则中最后一个属性 [L] 表示我们需要告诉 Apache 规则匹配成功后就不需要匹配其他规则了。

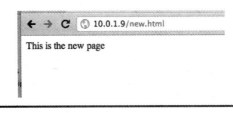

图 70　一个新页面

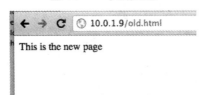

图 71　使用 mod_rewrite 实现访问旧地址时展示新页面

现在我们通过旧的链接地址访问到了新的页面，但是通过 pages/page-2.html 和 pages/2 这两个不同的链接地址访问相同的内容，这样的效果还不是非常理想，因为我们在链接的时候不确定到底应该链接哪个地址，也给维护带来一些问题。因此，我们想把请求重定向到新的页面地址，并告诉搜索引擎我们用新的地址替代了旧的地址。

要实现这个想法，我们再次打开 .htaccess 文件，添加 R=301 这个属性到我们的重写规则中，这样就告诉 Apache 当有请求旧地址的时候返回一个 301 重定向，这样也就表示访问资源的链接地址永久地修改为新的地址。除此之外，.htaccess 中声明的新链接地址对浏览器和搜索引擎的机器人（robot）来说是可以访问到原来的信息的。

```
RewriteRule pages/page-(\d+) pages/$1 [R=301,L]
```

通过一些正则表达式和重写规则可以非常方便地在基本不破坏原链接的情况下把原网站链接规则全部转换到新的规则上来。

深入研究
Further Exploration

如何通过 mod_rewrite 和 .htaccess 将请求重定向到一个新的域名上去？我们可以在重写规则中写入完整的 URL 地址来实现将 a.com 的请求重新定向到 b.com 上去，也可以把对子目录的请求重定向到子目录上去。

同样，如果我们的网站由 PHP 转为 Ruby On Rails，可能需要将所有诸如 /display.php?term=foo&id=123 的链接地址转换为 /term/foo 或者 /term/123 这样的。通过这样的手段使得我们在修改后端的情况下也能很好地使用。

另请参考
Also See

- 38 号秘方　使用 Vim 修改 Web 服务器配置文件
- 37 号秘方　建立虚拟机
- 39 号秘方　使用 SSL 和 HTTPS 来加强 Apache 安全

42 号秘方　使用 Jammit 和 Rake 自动化部署静态网站
Automate Static Site Deployment with Jammit and Rake

问题
Problem

Web 开发者在部署静态网站的时候习惯于使用 FTP 将页面文件或者其他的辅助文件（css 或 js 等）上传到服务器上。本秘方将告诉你如何在日趋复杂的情况下避免人为失误，如把文件上传到错误的位置等问题。除此之外，还会引入资源文件打包的概念，比如将多个 js 文件打包成一个单独的文件，并进行压缩。这种处理方式越来越普及，并且很容易就可以添加到自动化部署的过程中，我们需要开发一个简单的部署流程，并尽量保持其可维护性和可扩展性。

工具
Ingredients

- 在 37 号秘方中创建的虚拟机[17]
- Jammit[18]
- Guard[19]
- Rake[20]

解决方案
Solution

作为开发者，我们会花很多时间为我们的客户和顾客开发自动化流程，现在是时候为自己考虑下如何把一些流程自动化。考虑到在完成自动化部署过程中每类命令行语句都有其特定的语言环境，我们可以借助一些基于 Ruby 的工具来实现在 Windows、OS X 和 Linux 等系统下工作。

在 AwesomeCo 中，我们准备拓展 "daily deals" 的订阅服务到一些新的市

---

[17] You can grab a premade VM from http://www.webdevelopmentrecipes.com/.
[18] http://documentcloud.github.com/jammit/
[19] https://github.com/guard/guard
[20] https://github.com/jimweirich/rake

场,我们被要求开发一个小系统来收集用户的邮件地址,当服务在该地区上线的时候能通知到他们,如图 72 所示。使用 Jammit 来快速搭建一个系统原型,以编译、压缩 JavaScript 文件和 CSS 样式文件,然后用 Rake 编写一个脚本,使每个人都可以在网站更新的时候轻松地将其推到服务器并部署上去。首先我们来看看如何使用辅助文件管理来开发我们的项目。

使用打包辅助文件来提高性能

如果一个网页包含两个 JavaScript 文件,一个 CSS 样式文件,一个图片文件,那么其展示的时候就需要向服务器发送 5 次请求。浏览器获取页面展示的内容,然后从服务器获取其他的辅助文件。有的浏览器在同一时间只能有两个并发请求。一个页面中包含的多个 JavaScript 文件可以被我们编译成一个单独的文件。我们还可以删除其中的空白和注释来减少文件的大小来缩短文件在网络上传输的时间。我们在页面中只包含这个打包后的文件就可以了。

为了不丢失我们原有的注释、良好的结构和组织,我们只在发布到线上生产环境的时候才做压缩和打包。这个过程和 29 号秘方类似,我们这里使用 Jammit 来管理这个过程。

Jammit 处理 JavaScript 和 CSS 文件时需要我们编写其配置文件,配置文件指定输入文件和输出文件,其他的就交给 Jammit 了。接下来开始我们的项目,并尽快制作我们的着陆页。

在命令行下使用 Ruby 自带的 `gem` 命令来安装 Jammit。如果还没有安装 Ruby 的环境,在开始进行下面的任务前请参考附录 1。我们同样需要安装 Guard 和 Jammit 的插件 `guard-jammit`,这样就可以在修改主文件时告诉 Jammit 重新编译样式和 JavaScript 文件。

```
$ gem install jammit guard guard-jammit
```

现在我们需要的工具都已经安装了,开始制作页面吧。

AwesomeCo Deals is coming to your area!

Sign up to be notified when we're ready to launch and be one of the first in your area to get in on the action!

Enter your email [_____] Sign Me Up

图 72 我们的着陆页

制作我们的着陆页

在项目目录中创建一个存放 JavaScript 文件的文件夹 `JavaScripts`，一个存放样式文件的文件夹 `stylesheets`，然后创建一个 `public` 目录来存放我们准备发布到服务器上的文件。

```
$ mkdir public
$ mkdir javascripts
$ mkdir stylesheets
```

除了从 Google Api 加载 jQuery 类库外，我们想把这个类库和其他的辅助文件打包在一起。这就意味着需要将 jQuery 类库文件下载并放在 `javascripts` 文件夹中。

我们的表单需要用 javascript 通过 Ajax 来发送用户的邮件地址到服务器，所以这里需要创建一个 `javascripts/form.js` 文件来存放这个代码。

现在我们创建我们着陆页的框架，这个文件我们放在 `public/index.html`:

static/deploy/public/index.html
```html
<!DOCTYPE html>
<html>
  <head>
    <title>AwesomeCo Deals</title>
►   <link rel="stylesheet" href="assets/app.css" type="text/css">
►   <script type="text/javascript" src="assets/app.js"></script>
  </head>
  <body>
  </body>
</html>
```

注意，页面中的<head>区域包含了 assets 文件夹中的 CSS 和 JavaScript 文件，而不是 javascripts 和 stylesheets 文件夹。这是因为 Jammit 会创建 assets 文件夹和需要的文件，我们只需告诉 Jammit 如何工作。

Jammit会寻找一个名为 config/assets.yml 的文件，所以我们在项目中创建这个文件夹，在这个文件夹中，我们需要指定输出文件和相应的输入文件。

static/deploy/config/assets.yml
```
stylesheets:
  app:
    - stylesheets/style.css

javascripts:
  app:
    - javascripts/jquery-1.7.min.js
    - javascripts/form.js
```

接着需要配置 Guard 来监视 stylesheets 和 javascripts 文件夹中的变化，创建 Guardfile 文件，其代码如下：

static/deploy/Guardfile
```
guard 'jammit' do
  watch(/^stylesheets\/(.*)\.css/)
  watch(/^javascripts\/(.*)\.js/)
end
```

创建完配置文件后，Guard 就开始编译辅助文件了。

```
$ guard
```

现在，我们需要在 index.html 中添加相应代码。

static/deploy/public/index.html
```
<!DOCTYPE html>
<html>
  <head>
    <title>AwesomeCo Deals</title>
    <link rel="stylesheet" href="assets/app.css" ▯ type="text/css">
    <script type="text/javascript" src="assets/app.js"></script>
  </head>
  <body>
  </body>
</html>
```

用户填写完邮件地址后提交表单，我们需要捕获这个表单的提交动作，使用 Ajax 提交到服务器。然后隐藏表单并显示确认信息。

在这个例子中,我们展示下 Ajax,在 `javascripts/form.js` 中添加如下代码:

```javascript
// static/deploy/javascripts/form.js
(function() {
  $(function() {
    return $("form").submit(function(event) {
      var element;
      event.preventDefault();
      element = $("<p>You've been added to the list!</p>");
      element.insertAfter($(this));
      return $(this).hide();
    });
  });
}).call(this);
```

保存文件时,Guard 触发 Jammit,并更新 `public/assets/app.js` 文件,它会将 jQuery 类库和代码编译在一个单独的文件中,并压缩代码。

紧接着将样式文件添加到 `stylesheets/style.css`。首先将页面置中,并设置字体:

```css
/* static/deploy/stylesheets/style.css */
#container {
  width: 960px;
  margin: 0px auto;
  text-align: center;
  box-shadow: 5px 5px 5px #ddd;
  border: 1px solid #ddd;
}

#container h1 {
  font-size: 72px;
}

#container h1 span.name {
  color: #900;
  display: block;
}

#container p {
  font-size: 24px;
}
```

然后修改表单的边框和表单中的文字大小:

```css
/* static/deploy/stylesheets/style.css */
#container form {
  margin-bottom: 20px;
}
```

```css
#container input, #container label {
  height: 50px;
  font-size: 36px;
}
#container input {
  border: 1px solid #ddd;
}

#container input[type=submit] {
  background-color: #900;
  color: #fff;
}
```

这些都做完后，在浏览器中打开 index.html，我们可以看到它已经和我们预想的一样正常工作了。下面继续探索如何自动化部署到线上的生产环境中。

使用 Rake 自动化部署

Rake 是一个用 Ruby 编写的命令行工具，用来简便地创建自动化部署。接下来使用 Rake 来打包辅助文件并把所有文件推送到服务器上。我们这里需要用到 37 号秘方中创建的虚拟机。

安装 Rake 的方法和安装 Jammit 的方法一样，在命令行输入：

```
$ gem install rake
```

我们在一个名为 `Rakefile` 的文件中定义任务，可以使用 Ruby 的类库，或者调用另外一个命令行程序：

```ruby
desc "remove all .tmp files from this folder"
task :cleanup do
  FileUtils.rm_rf "*.tmp"
end
```

这段脚本定义了一个名为 cleanup 的任务，该任务删除当前目录下所有以 ".tmp" 为后缀的文件。我们使用了 Ruby 的 `FileUtils` 类库来处理删除文件的问题，在 `FileUtils` 中会处理跨平台的问题，所以它可以在任何安装了 Ruby 环境的操作系统上运行。我们在命令行中可以这样执行任务：

```
$ rake cleanup
```

在前面的那个脚本中，我们在任务定义前使用 `desc` 来描述任务，我们可以通过如下命令查看 `Rakefile` 中所有可用的任务：

```
$ rake -T
```

> **Joe 问：**
> **在 windows 机器上如何部署？**
>
> 你可以在 windows 机器上安装 OpenSSH[a]，然后使用前面展示的脚本。如果无法这么操作的话，那么还可以在你的客户端机器上挂在该服务器的磁盘。然后使用 SCP 将文件拷贝过去。这两种方法我们在实际操作中都采用过，也推荐你使用自动化部署。
>
> ---
> a. http://sshwindows.sourceforge.net/

如果一个任务没有写 `desc`，那么它在展示任务列表中将不会显示，所以建议大家为每个任务都加上相应的 `desc` 信息。

接着在项目中创建 `Rakefile` 来定义两个任务，第一个任务是使用 Ruby 脚本来调用 `Guardfile` 并执行其中的任务：

static/deploy/Rakefile
```ruby
task :build do
  require 'guard'
  Guard.setup
  Guard::Dsl.evaluate_guardfile
  Guard::guards.each{|guard| guard.run_all}
end
```

紧接着，定义另一个任务将 `public` 目录下的文件拷贝到虚拟机的 `/var/www` 目录下。我们使用 Ruby 的 `Net::SCP` 类库来传输文件，这样我们的脚本就可以在 Windows、OS X 和 Linux 下正常工作。假设服务器的 IP 地址是 `192.168.1.100`，其登录服务器的用户名和密码都是 "webdev"[21]，其脚本如下：

static/deploy/Rakefile
```ruby
desc "Deploy the web site to the dev server"
task :deploy => :build do
  require 'net/scp'
  server = "192.168.1.100"
  login = "webdev"

  Net::SCP.start(server, login, {:password => "webdev"} ) do |scp|
    scp.upload! "public", "/var/www", :recursive => true
  end
end
```

---
21 你可使用服务器自带的 ifconfig 命令来获取 IP 地址。

> **在脚本中如何避免使用 SSH key**
>
> 在 30 号秘方中，我们演示了如何创建 SSH Key。这里可以将你的公钥上传到服务器就可以避免传递部署脚本中的 password 参数。Ruby 的 SCP 类库在你没有指定 password 的时候会自动使用 SSH Key，这样在部署的时候会更加安全。

这个任务的定义看上去稍许有些复杂，我们可以使用=>（ruby 开发者一般称其为 hashrocket）来指定这个任务依赖的前一个任务，当我们执行该任务时，它会自动运行我们的 build 任务。

现在我们就可以执行如下命令了：

```
$ rake deploy
```

代码会被推送到服务器上，我们可以通过浏览 http://192.168.1.100/index.html 来获得。当这些代码需要部署到不同的服务器时，只需修改服务器的 IP 地址和登录账号就可以了。

深入研究
Further Exploration

当我们完成了开发工作流后，就可以引入更多的事情了。如果在工作流中已经使用了 Guard，那么我们就可以将 CoffeeScript 和 Sass 引入到我们的流程中。这样，我们就需要安装 CoffeeScript 和 Sass 及其相应的 gem。

```
$ gem install coffee-script guard-coffeescript
$ gem install sass guard-sass
```

之后就应该使用 Sass 来编写样式文件了，并将其放在 sass/style.scss 中。类似地，你就可以在 coffeescripts/form.coffee 中编写 CoffeeScript 来处理表单提交了。紧接着，我们需要修改 Guardfile 文件，将生成后的 CSS 和 JavaScript 放在临时文件夹中，并设定 Guard 来监视其变化，配置代码如下：

```
static/sassandcoffee/Guardfile
➤  guard 'sass', :input => 'sass', :output => 'tmp'
➤  guard 'coffeescript', :input => 'coffeescripts', :output => 'tmp'

guard 'jammit' do
➤    watch(/^tmp\/(.*)\.css/)
➤    watch(/^tmp\/(.*)\.js/)
    watch(/^stylesheets\/(.*)\.css/)
    watch(/^javascripts\/(.*)\.js/)
end
```

最后，我们还需要修改 Jammit 的配置文件来将生成的样式文件和 JavaScript 文件打包。

static/sassandcoffee/config/assets.yml
```
stylesheets:
  app:
    - tmp/style.css

javascripts:
  app:
    - javascripts/jquery-1.7.min.js
    - tmp/form.js
```

这个方法使得我们可以通过 CoffeeScript 和 Sass 等技术来混合原生态的 JavaScript 和 CSS 文件，也就是说，我们还可以使用 jQuery、Backbone、Knockout、Skeleton、Jekyll 或者其他类型的自动生成系统。此外，我们最后都将结果放在 `public` 目录下，也就是说无需修改部署文件。

如果想将自动化部署水平提高到另一个台阶，可以研究下 Capistrano[22]，Capistrano 是一个基于 Ruby 的工具，它用来从 Git 这样的代码库中拉取代码来部署。另外，Capistrano 最开始是专门为 Ruby On Rails 的应用网站，专门针对静态文件 PHP 类的应用程序以及应用程序包。

另请参考
Also See

- 28 号秘方　以 Saas 搭建模块化样式表
- 29 号秘方　以 CoffeeScript 清理 JavaScript
- 27 号秘方　以 Jekyll 创建简单 Blog
- 30 号秘方　以 Git 管理文件

---

22 https://github.com/capistrano/capistrano/wiki/

附录

安装 Ruby
Installing Ruby

本书多个秘方用到 Ruby 编程语言及其解释器。Ruby 是一种功能强大的、跨平台的解释性编程语言，因 Web 开发框架 Ruby On Rails 的流行而广为人知。许多 Ruby 程序员从事 Web 开发，利用 Ruby 开发出 Cucumber[1] 和 SassOS X[2] 这样优秀的工具，提高了 Web 开发的效率。为了使用这些工具，必须安装 Ruby 解释器和 RubyGems（Ruby 的程序包管理器）。附录 1 将介绍如何在 Windows、OS X、Ubuntu 上安装它们。

1.1 Windows 平台

Windows 平台上的安装分为两步。首先下载 Windows 版本的 Ruby 安装程序[3]。选择 Ruby 1.9.2 的版本安装。安装程序会提示将 Ruby 可执行文件添加到系统路径（PATH）里，请选择允许。这样无论当前目录是什么，都能在命令行使用 Ruby 及其相应的库文件。

安装完成后，回到刚才的下载页面下载开发工具包。虽然本书不要求用 Ruby 编写代码，但是有些组件是用 C 语言编写的，必须经过编译才能使用。开发工具包中包含需要的编译器。

开发工具包是自解压文件，默认解压路径是：c:\ruby\devkit。解压后，在命令行输入以下命令。

---

1 http://cukes.info/
2 http://sass-lang.com
3 http://rubyinstaller.org/downloads/

```
c:\> ruby dk.rb init
c:\> ruby dk.rb install
```

为了测试设置是否成功，在命令行输入以下命令来安装 Cucumber gem。

```
$ gem install cucumber
```

安装完成。接下来就可以在项目里使用 Cucumber 和 Sass 了。

1.2 Mac OS X 平台和 Linux 平台

OS X 和大多数 Linux 操作系统的安装包里都包含 Ruby 解释器、OS X，甚至默认安装了 Ruby 解释器。本书将使用 Ruby 版本管理器[4]（RVM）来安装 Ruby。虽然 RVM 在各种操作系统上的工作方式相同，但是安装方式略有不同。接下来将分别介绍在 OS X 和 Ubuntu 上安装 RVM 的方法。

在 OS X 上安装 RVM

在 OS X 上使用 RVM，先要安装 Xcode[5]。虽然本书不使用 Xcode，但是它是获取 C 编译器最简单的方法。Xcode 可以在 OS X 的 DVD 安装光盘上找到，或者从 Mac App Store 下载。此外，还要安装 OS X 版本的 Git[6]，用于提取 RVM。本书的 30 号秘方介绍过 Git。

接下来，在命令行执行以下命令来安装 RVM。

```
$ bash < <(curl -s https://rvm.beginrescueend.com/install/rvm)
```

该命令负责提取 RVM，然后将它安装到本地计算机。

执行以下命令，这样每次开启新的终端会话时，就能直接调用 RVM 及其文件了。

```
$ echo '[[ -s "$HOME/.rvm/scripts/rvm" ]] && \
source "$HOME/.rvm/scripts/rvm"' >> ~/.bashrc
```

最后，关闭终端，然后重新开启终端会话以检查 RVM 是否可用。稍后介绍如何利用 RVM 安装 Ruby。

---

[4] http://rvm.beginrescueend.com
[5] http://developer.apple.com/xcode
[6] http://code.google.com/p/git-osx-installer

在 Ubuntu 上安装 RVM

在 Ubuntu 上使用 RVM，先要安装编译器、Git 和其他一些文件。下面的命令将完成这些任务。

```
$ sudo apt-get install build-essential bison openssl \
libreadline6 libreadline6-dev curl git-core zlib1g \
zlib1g-dev libssl-dev libyaml-dev libsqlite3-0 \
libsqlite3-dev sqlite3 libxml2-dev libxslt-dev autoconf
```

完装完毕后，在命令行执行以下命令来安装 RVM。

```
$ bash < <(curl -s https://rvm.beginrescueend.com/install/rvm)
```

该命令负责提取 RVM，然后将它安装到本地计算机。

执行以下命令，这样每次开启新的终端会话时，就能直接调用 RVM 及其文件了。

```
$ echo '[[ -s "$HOME/.rvm/scripts/rvm" ]] && \
source "$HOME/.rvm/scripts/rvm"' >> ~/.bashrc
```

最后，关闭终端，然后重新开启终端会话以检查 RVM 是否可用。

利用 RVM 安装 Ruby

安装完 RVM，接下来安装 Ruby 1.9.2，请使用以下命令。

```
$ rvm install 1.9.2
```

使用这个版本的 Ruby，需要使用以下的命令。

```
$ rvm use 1.9.2
```

本书使用的都是 Ruby 1.9.2，最好将它设置为默认版本。

```
$ rvm --default use 1.9.2
```

接下来，安装 34 号秘方用到的 Cucumber 库以检验 Ruby 是否安装成功。

```
$ gem install cucumber
```

现在 Ruby 及其相关文件都已安装好了。接下来就可以在 Web 开发项目中使用 Cucumber、Saas、Guard、Jekyll 等工具了。

参考文献 Bibliography

[Bur11] Trevor Burnham. *CoffeeScript: Accelerated JavaScript Development*. The Pragmatic Bookshelf, Raleigh, NC and Dallas, TX, 2011.

[CADH09] David Chelimsky, Dave Astels, Zach Dennis, Aslak Hellesøy, Bryan Helmkamp, and Dan North. *The RSpec Book*. The Pragmatic Bookshelf, Raleigh, NC and Dallas, TX, 2009.

[CC11] Hampton Catlin and Michael Lintorn Catlin. *Pragmatic Guide to Sass*. The Pragmatic Bookshelf, Raleigh, NC and Dallas, TX, 2011.

[Hog10] Brian P. Hogan. *HTML5 and CSS3: Develop with Tomorrow's Standards Today*. The Pragmatic Bookshelf, Raleigh, NC and Dallas, TX, 2010.

[Swi08] Travis Swicegood. *Pragmatic Version Control Using Git*. The Pragmatic Bookshelf, Raleigh, NC and Dallas, TX, 2008.

[WH11] Matt Wynne and Aslak Hellesøy. *The Cucumber Book: Behaviour-Driven Development for Testers and Developers*. The Pragmatic Bookshelf, Raleigh, NC and Dallas, TX, 2011.

索引

Index

SYMBOLS

#{} markup, 214
$ -> operator, 213
$ helper, 54
$(document).keydown(), 61
$(function(){}), 213
$.each(), 136
+ graphic, 178
- graphic, 178
--server option, 196
-> symbol, 210
: key, 279
=> symbol, 303
? key, 65

DIGITS

301 redirect header, 294
404 error page, 277–281

A

-a flag, 218
abstraction layers, 83
accessibility
    about, 90
    animations, 17
    page updates, 98
    text box updates, 85, 87
activateDialogFor(), 30
addProduct(), 107
addToDo(), 258, 260
address collection recipe, 296–301
administration interface testing recipe, 242–250
:after selector, 9

Ajax
    Backbone and, 83, 96, 102
    endless pagination, 76
    form submission, 57
    state-aware, 79–83
    URL loading, 30
ajax(), 94, 135, 142, 213
alert recipe, *see* status site recipe
AllowOverride, 280, 292
alpha class, 188
alpha transparency, 204
alt attributes, 43
alternative text, 17, 43, *see also* accessibility
anchors, 171, 174
and statements, 251
Android, lists, 156
animations, *see also* scrolling
    CSS sprites, 180
    CSS transformations, 13–17
    help dialogs, 31
    jQuery Mobile, 176
    slideshows, 18–22
    tabs, 49
anonymous function, 139
Ant, 246
Apache
    configuring PHP, 274
    configuring error page, 279–281
    logs, 236
    rewriting URLs, 291–295
    securing, 283–290
    testing with virtual machines, 272–276

API key, 244
APP_PORT declaration, 246
appendHelpTo(), 28
append_help_to(), 231
appliances, 275
application, 87
applyBindings(), 86
area graphs, 120
aria-live attribute, 85, 87
arrow icon, 171
assertions, 237, *see also* Selenium
asset packaging, 296–297
attachments folder, 147
autOpen: false option, 30
authentication
    HTTP, 287–290
    remote repositories, 222
automated deployment, 215, 296–304
automated testing
    Cucumber-driven, 242–254
    Jasmine, 255–264
    Selenium, 237–254
automation tools, Selenium, 241

B

Back button
    Backbone support, 94, 105
    jQuery Mobile, 175
    refreshing, 79–83
Backbone
    Ajax and, 83, 96
    click events, 106–109

components, 94
organizing code with, 93–109, 151
routing URL changes, 102–106
backend, organizing code with Backbone, 95–109
background attribute, 179
backgrounds
  buttons, 4, 202
  email template, 38, 41
  images, 6, 35
  mobile devices, 179
  page loading, 73
  speech bubbles, 10
  styling with Media Queries, 189
  tabs, 49
backing up files with Dropbox, 270
bandwidth
  animations, 17
  help dialogs, 30
  images on mobile devices, 178
bar graphs, *see* graphs
:before selector, 9
beforeEach(), 258
behavior-driven development (BDD), 243, 255
bind(), 107
binding
  click events, 21, 55, 107, 260
  control-flow, 89–91
  events with Backbone, 93
  expanding and collapsing, 55
  keydown events, 59–62
  map markers, 112, 115
  page updates, 84–92
  tap events, 176
blank repositories, 223
blind users, 85, 87, *see also* accessibility
blocking
  image requests, 289
  users, 287, 290
<blockquote> tag, 6–12
blogs
  creating with Jekyll, 193–200
  hosting with Dropbox, 271
  keyboard shortcuts, 65

blurring, *see* sheen animation
<body> element in emails, 36
border-radius attribute, 11
borders
  buttons, 4
  colors, 202
  email template, 41
  quotes, 7
  Skeleton grids, 189
  speech bubbles, 10
  tabs, 49
box-shadow, 207
branches, 219–223
bridged network type, 273
Brown, Tait, 157
browsers
  emulators, 173
  resizing, 185, 188
  testing with Cucumber-driven Selenium, 242–254
  testing with Jasmine, 255–264
  testing with Selenium, 237–254
  titles, 82
  transitions and transformations support, 15, 17
bubbles, speech, 10–12, 201–207
build task, 303
bundler gem, 244
Burnham, Trevor, 210
button class, 2
.button:active, 5
.button:focus, 5
buttons, *see also* click events
  adding, 21, 91, 100, 106–109
  disabling, 5
  icons, 171
  indicators, 5
  jQuery Mobile, 171
  styling, 2–5, 171, 201–207
  testing with Jasmine, 257–264
  tracking activity, 234–236

C
-c flag, 288
cURL, 146

callback pattern, 103, 107, 124, 151
Campaign Monitor, 40
Capistrano, 304
cart updates, *see* shopping cart updates
Cascading Style Sheets, *see* CSS
cat command, 288
categorized lists, *see* collapsing and expanding lists
Ceaser, 16
<center> tag, 36
certificate providers, 285
certificates, 283–286
changePage(), 177
chartOptions variable, 119
charts, 118–125
cherry picking, 221
Chrome tools, 229
<cite> tag, 6
cleanup, 301
clearing the float, 188
click(), 21, 252, 260
click events
  attaching Play and Pause buttons, 21
  drop-down menus, 160–161
  expanding and collapsing, 55
  help dialogs, 29
  map markers, 112, 115
  New Product button, 106–109
  styling, 5
  testing with Jasmine, 257–264
  tracking with heatmaps, 234–236
clickAndWait() method, 238
ClickHeat, 234–236
cloning
  remote repositories, 224
  virtual machines, 276
cloud-based testing services, 243
Cloudant, 144, 148
code
  isolating with anonymous function, 139

organizing with Backbone, 93–109, 151
sharing with mixins, 203, 206–207
CoffeeScript, 209–215, 264, 303
CoffeeScript: Accelerated JavaScript Development, 210
collapsing and expanding lists, 52–58, 156, 159–161
collections
    Backbone, 94, 98–102
    CouchDB, 145
color
    buttons and links, 3, 202
    data, 6
    email template, 38, 41
    mobile devices, 178
    quotes, 6
    speech bubbles, 10
    tabs, 49
columns, grid, 185, 188
Command action in Selenium, 238
command line
    CouchDB, 146
    shells, xiii
command mode, Vim, 278
comments, SSH key, 223
commit logs widgets, 138–143
commit messages, 218
committing files, 218, 221
Compass, 191, 207
concatenation, string, 67, 69, 214
conditional comments, 190
conditional statements, 70
configuration files, changing with Vim, 277–281
conflicts, *see also* version control
    library, 141
    merge, 269
console.log(), 231
contact forms and pages, 126–132, 199
contact.markdown, 199
container class, 185
control-flow binding, 89–91
corners, 4, 10, 203
CouchApp, 145–148
couchapp command, 148

CouchDB, 144–152
CrazyEgg, 236
createTabs(), 47
cropping images, 188
cross-site data with JSONP, 134–137
CSS
    blogs, 197
    buttons and links, 2–5
    emails, 35, 41
    forms, 300
    grids, 184–192
    inspecting with Firebug, 229, 233
    Jammit, 297, 299
    lists for mobile devices, 154–158
    locator function in Selenium, 239, 252
    Media Queries, 154–158, 185, 189
    popup windows, 162
    quotes, 6–12
    Sass modular style sheets, 201–207
    sprites, 178–181
    transformations, 13–17
    widget recipe, 142
Cucumber
    behavior-driven development, 243
    installing Ruby, 306
    Selenium testing, 242–254
Cucumber Testing Harness, 243–254
currentPage variable, 76
current_entry variable, 62
current_page parameter, 82
cursorPosition, 166
cursors
    drag and drop, 166
    search box, 65
    styling buttons and links, 3
customer data
    modeling, 121–125
    widget, 143
Cyberduck, 275
cycle(), 20–21
cycling images, 18–22
cycling plug-ins, 18

D
-d flag, 146
data
    charts and graphs, 118–125
    colors, 6
    CouchDB, 144–152
    document databases, 145
    HTML attributes, 26
    querying, 148
    relational databases, 145
    remote access, 134–137
    widget recipe, 138–143
data- attributes, 26
data-bind, 90
data-direction attribute, 175
data-icon attribute, 171
data-product-id attribute, 174
debugging JavaScript, 228–233
defaults variable, 246
DELETE, 95
Delete button, 100
deleting
    in Backbone, 95
    branches, 222
    buttons, 5
    products, 100, 108
dependentObservable(), 88, 91
deployment
    automated, 215, 296–304
    virtual machines, 276
desc line, 301
describe(), 256, 258
destroy(), 108
device-height, 154
device-width, 154
dialogs
    authentication, 288
    help, 24–31, 230–233
    map markers, 112, 115
    modal, 24, 30
directives, 281
disabling buttons, 5
displayHelpFor(), 29
displayHelpers(), 26, 29
displayMethodOf(), 31
display_method, 31
document databases, 145, *see also* CouchDB
domain name redirection, 271, 294
DomReady(), 262

索引

downtime alert, *see* status site recipe
drag and drop on mobile devices, 162–168
dragPopup(), 166
draggable element, 166
draggable_window, 166
drop shadows
    buttons, 4, 203, 207
    containers, 189
drop-down menus, 159–161
Dropbox, 268–271
Drupal, 200

E

each(), 101
editing
    files with Vim, 277–281
    records, 109
el property, 101
el variable, 105
element?(), 249
email
    address collection recipe, 296–301
    HTML templates, 34–44
    POST, 128
Email Standards Project, 35
embedding widgets, 138–143
emulators, browser, 173
endless pagination, 73–78, 80–83
enhancement, progressive, 57
.entry class, 62
error callback, 103, 107, 151
errors
    CouchDB, 151
    feedback, 126, 130
    form, 129–130
    .htaccess, 287
    Page Not Found page, 277–281
    testing error messages, 240
$errors array, 129–130
escaping in Cucumber, 253
event binding, Backbone, 93
event delegation, 151
event propagation, 55–56
event.preventDefault(), 56
event.stopPropagation(), 55–56
Evently, 151
examples, styling, 6
expanding and collapsing lists, 52–58, 156, 159–161
Explorer, *see* Internet Explorer
external templates, 70

F

[F] flag, 289
fade function, 20
.fadeIn(), 49
fading
    slideshows, 20
    tabs, 49
fakes, 261
features, Cucumber, 247, 250
feedback, error, 126, 130
fetch(), 102
fields, CouchDB, 147
file management with Git, 216–225
FileUtils library, 301
FileZilla, 275
Firebug, 228–233, 259
Firefox
    advantages, 259
    Jasmine testing, 255–264
    Selenium testing, 238–241
    tools, 229
fixtures, 258
Flash, 13, 17–18
Flickr recipe, 134–137
floats, clearing, 188
focus(), 65
font-size, 3
font-weight, 156
fonts
    buttons, 3
    charts and graphs, 121
    contact forms, 128
    mobile devices, 156
    quotes, 7
    Skeleton grid, 185
    speech bubbles, 11
    tabs, 49
footers
    email template, 36, 39
    jQuery Mobile, 171, 175
forms
    address collection, 298–301
    contact, 126–132
    elements, 88
    HTML templates, 67–72
    intercepting submit events, 57
    new product, 103–108
    Skeleton, 191
    testing, 130, 240, 250–253, 258
fx: option, 22

G

gesture commands, 168
GET(), 95
get(), 30
getCurrentPageNumber(), 63
getJSON(), 174, 176
getNextPage(), 77, 82
getQueryString(), 63
Git, 216–225, 306
Git Bash, 217
git status, 218
given statements, 247
Google APIs, 117
Google Developer Products Page, 117
Google Doodles, 180
Google Mail, 35
Google Maps, 112–117
Google Maps Lat/Long Popup, 114
gradients
    buttons, 4, 203
    Internet Explorer, 12
    speech bubbles, 10, 203
graphics, *see* images
graphs, 118–125
grid systems, 184–192, 207
Guard
    converting CoffeeScript, 212, 214
    Jammit support, 297, 299
    Sass support, 215

H

-H flag, 146
h key, 279
<h1> tag, 171
HAML, 191
hashes, URL, 80, 102
hashrocket, 303
<head>, 299

headers
  animation, 14–17
  email template, 36, 41
  grid, 185
  jQuery Mobile, 171, 175
  Jammit, 299
  JSON and IE8, 78
  rewriting URLs, 291, 294
heatmaps, 234–236
height
  buttons, 3
  images, 179, 188
  mobile devices, 154, 179
  Skeleton grids, 185, 188
  tabs, 49
  widget, 142
help dialogs, 24–31, 230–233
help_icon option, 27, 232
help_link class, 28–29
helper links, collapsing and expanding, 53
hidden files, 292
hiding lists, *see* collapsing and expanding lists
Highcharts, 118–125
History.js, 83
HOST_TO_TEST, 246
hosting
  Dropbox, 268–271
  email images, 43
  HTML emails, 40
  Vim, 277–281
  virtual machines, 272–276
hostnames, test, 245
hover events
  gradients, 204
  mobile devices, 159
  sheen effect, 16
href attribute, 171
.htaccess, 279–281, 287–290, 292–295
HTML, *see also* CSS
  ARIA attributes, 85, 87, 98
  control-flow binding, 89–91
  data attributes, 26
  Dropbox, 268–271
  email templates, 34–44
  Firebug inspection, 229
  forms, 88, 126–132, 191
  gesture commands, 168
  HTML5, xiii, 87, 132, 169, 186

jQuery Mobile, 169
Jasmine support, 258
Mustache templates, 67–72
page updates with Knockout, 87–92
reusing in blogs, 194
static pages with Jekyll, 199
tabs, 45–51
tags in Skeleton, 186
HTML5 and CSS3: Develop with Tomorrow's Standards Today, xiii
HTML5 Rocks, 168
htpasswd, 288
HTTP
  authentication, 287–290
  cURL, 146
HTTPS, 190, 283–286
HUB declaration, 246

I
iPad, drag and drop, 162–168
iPhone
  CSS sprites, 179
  lists, 154–158
iPhoney, 173
icons
  button, 171
  combining with CSS sprites, 178
  help dialogs, 27, 231–233
  Skeleton grid, 185
IDs
  HTML templates, 69
  links, 28
  locator function in Selenium, 239
  product, 174
IE Developer Toolbar, 229
ifconfig command, 302
image rotators, 19
images
  accessibility, 17
  background, 6, 35
  blocking offsite requests, 289
  blogs, 197
  collapsing and expanding, 57
  CSS sprites, 178–181
  emails, 35, 43
  placeholder, 187
  scaling, 188
  slideshow, 18–22

@import statement, 203
Indented Sass, 208, *see also* Sass
index(), 102
indicators, button, 5
initialize(), 100, 103, 106
insert mode, Vim, 278
insertAfter(), 21
inspect button, 229
Inspect option, 231
Inspired jQuery Mobile Theme, 157
interactive maps, 112
interactive slideshows, 18–22
intercepting submit events, 57
Internet Explorer
  conditional comments, 190
  gradient filter, 12
  JSON request headers, 78
  tools, 229
invoice email template, 36–44
IP addresses
  blocking users, 290
  locating, 302
  virtual machines, 275
isOpen, 31
isTouchSupported(), 166
is_element_present(), 253
isolating widget code, 139
iteration
  Backbone, 99
  blogs, 194
  HTML templates, 70
  jQuery Mobile, 174
  Knockout, 90
  Sass, 206

J
j key, 59, 279
jQuery
  CoffeeScript, 209, 212–215
  collapsing and expanding lists, 54–57
  CSS transformations, 16
  endless pagination, 74–78, 80–83
  help dialogs, 24–31
  HTML templates, 67–72
  mobile interfaces, 169–177

organizing code with Backbone, 93–109
slideshow animation, 18–22
status notifications page, 149
tab toggling, 49
to-do application, 255–264
updating with Knockout, 84–92
version, xiii
widget code, 140
jQuery Cycle plug-in, 18–22
jQuery Mobile, 169–177
jQuery Theme, 24, 31
jQuery UI, 24, 31, 49
jQuery UI Tabs, 47
jQuery.fn prototype, 54
Jammit, 296–304
Jasmine, 255–264
Jasmine-jQuery plug-in, 255
JavaScript
  CoffeeScript, 209–215
  debugging, 228–233
  files in blogs, 198
  Jammit, 297, 299
  status site recipe, 144–152
  testing with Jasmine, 255–264
JavaScript Console, 229
Jekyll, 193–200
jekyll command, 196, 200
JSFiddle.net, 125
JSON
  charts and graphs data, 124
  endless pagination, 75
  IE8 and, 78
  mobile devices, 174, 176
  organizing code with Backbone, 93–109
JSON with Padding, see JSONP
JSON2 library, 97
jsonFlickrApi(), 134
JSONP
  remote data access, 134–137
  widget data, 141

K

k key, 59, 279
key codes, 61, 64
keyboard
  shortcuts, 59–66
  Vim, 278
keydown events, binding, 59–62
keys
  API, 244
  signing, 284
  SSH, 222, 303
Knockout, 84–92
ko.observable(), 88

L

l key, 279
labels
  charts and graphs, 120
  contact forms, 127
landing page recipe, 296–301
lastTouchedElement, 161
latitude, 114
layouts
  blogs, 194, 196
  Skeleton grid, 185–190
  static pages with Jekyll, 199
  table-based, 34–44, 86
  version control recipe, 219–222
leaf nodes, 55
Learn more button, 234
library, conflicts, 141
lightbox, 65
line graphs, 120
line-height, 3
linear-gradient attribute, 11
LineItem, 86
link= selector, 239
link_text, 249
links, see also automated testing
  blocking offsite requests, 289
  blog posts, 195
  collapsing and expanding, 53
  drop-down menus, 160–161
  help dialogs, 26–31, 230–233
  HTML email, 40
  IDs, 28
  mobile devices, 156
  popup windows, 164
  preserving, 291–295
  state-aware Ajax, 79–83
  styling, 2–5, 156
Liquid, 194
list comprehensions, 214
lists
  collapsing and expanding, 52–58, 156, 159–161
  mobile devices, 154–158, 173–176
  organizing with Backbone, 98–102
  state-aware Ajax, 80–83
  templates, 99–102
ListView, 101
listview, 173
Litmus, 34, 42
load times
  animations, 17
  help dialogs, 30
  images on mobile devices, 178
loadData(), 77–78
loadFixtures(), 258
loadMap(), 114
loadNextPage(), 64
loadPhotos(), 135–136
loaded class, 16
loadingPage(), 76
locator functions in Selenium, 239, 252
locator strings, 249
locking
  files, 287–290
  next page calls, 76
logins
  HTTP authentication, 287–290
  remote repositories, 222
logo animation, 13–17
logs
  ClickHeat, 236
  Firebug, 231
longitude, 114
Lotus Notes, 35
LTS releases, 272

M

-m flag, 218
mail(), 128
MailChimp, 40, 44
map.js, 148
mapTypeId, 115

maps
    Google, 112–117
    heatmaps, 234–236
margins
    mobile devices, 156
    Skeleton columns, 188
Markdown, 195, 200
markers, map, 112, 115
master branch, 219, 223, *see also* branches
media attribute, 155
Media Queries, 154–158, 185, 189
menus, drop-down, *see* drop-down menus
merging, 220, 222, 269, *see also* version control
messages, commit, 218
messages view, 148
MiddleMan, 215
MIME, 40
minifying, 297
mixins, 203, 206–207
mobile devices
    CSS sprites, 178–181
    drag and drop, 162–168
    drop-down menus, 159–161
    grid systems, 184–192
    jQuery interfaces, 169–177
    targeting, 154–158
mock-ups
    file management with Git, 216–225
    grid systems, 184–192
mocks, 259, 261
mocks object, 259
mod_rewrite, 280, 289, 291–295
modal dialogs, 24, 30
modeling data, 121–125
Models, Backbone, 94, 98–102
modes, Vim, 278
modular style sheets, 201–207
mousedown, 162, 166
mousemove, 166
mouseup, 162, 166
MsysGit, 217
multipart emails, 40
multiple language tabs recipe, 45–51

music blog recipe, 193–198
Mustache
    endless pagination, 74–78, 80–83
    HTML templates, 67–72
    new product form, 104–106
    organizing with Backbone, 99–102, 104–106
    status notifications page, 149
mutex, 76

N
naming
    blog post files, 195–196
    browser tests, 246
    test hostnames, 245
NAT network type, 273
navigation
    drop-down, 159–161
    jQuery Mobile, 171–177
    keyboard shortcuts, 59–66
    Vim keyboard, 279
nested lists, *see* collapsing and expanding lists
nesting, 205
Net::SCP library, 302
network types, 273
New Product button, 106–109
next entry, 59–63
next page, 63–65, 73–78, 80–83
nextPageWithJSON(), 76
noConflict() method, 141
Node, 212
Node Package Manager, 212
nodes
    collapsing and expanding lists, 53–57
    leaf, 55
normal mode, Vim, 278
notes, iterating in HTML templates, 70
notes property, 70
notice, updating, 109
NPM, 212

O
observableArray(), 90
observeMove(), 166–167
observeScroll(), 77
omega class, 188

onchange, 109
open(), 249, 252
OpenSSH, 275, 302
organizing code with Backbone, 93–109
Outlook 2007, 35
overflow-y attribute, 142
overflow: hidden; style, 16
overlays, map, 115

P
padding
    buttons, 3
    contact forms, 128
    mobile devices, 156
    quotes, 7
    tabs, 49
Page Not Found error page, 277–281
page parameter, 81
page=, 64, 76
pagebeforeshow, 174
pagination
    endless, 73–78, 80–83
    keyboard shortcuts, 59–66
passphrases
    SSH keys, 223
    SSL certificates, 284
passwords
    HTTP authentication, 287–290
    remote repositories, 222
    SSH keys, 223, 303
Pathogen, 281
Pause button, 21
permalinks, 195, *see also* links
photo galleries, 57
photo recipe, 134–137
Photoshop, version control with Git, 224
PHP
    ClickHeat, 234
    configuring, 274
    contact forms, 126–132
    testing with virtual machines, 272, 274
pie charts, *see* charts
Pivotal Labs, 255
Placehold.it, 187
placeholder images, 187
Play button, 21

plotOptions property, 120
plug-in management, 281
PNG images, 35
popup class, 164
popup windows, dragging, 162–168
position attributes, 9
POST, 95, 128
post, 195
posts, blog, see blogs
prepend(), 107
prependToggleAllLinks(), 55
preserving links, 291–295
pressing keys, see keydown events
preventDefault(), 261
previews, HTML email, 40
previous entry, 59–63
previous page, 63–65, 73–78, 80–83
private keys, 222, 284
product website recipes
　browsing interface, 169–177
　charts and graphs, 118–125
　collapsing and expanding lists, 52–58, 156, 159–161
　CSS sprites, 178–181
　drag and drop, 162–168
　drop-down menus, 159–161
　endless pagination, 73–78, 80–83
　fetching with CoffeeScript, 209–215
　HTML templates, 67–72
　language tabs, 45–51
　mobile devices, 154–181
　new product form, 103–108
　organizing code with Backbone, 94–109
　rewriting URLs, 291–295
　shopping cart updates, 84–92
　state-aware lists, 79–83
　testing, 237–241
　testing forms, 250–253
　version control, 219–222
ProductsRouter, 102
ProductView, 100

profile flags in multibrowser testing, 246
progressive enhancement, 57
property listing recipe, 184–192
pseudoclasses, 204
public folders, Dropbox, 268
public keys, 222
pushState(), 80, 82, 109
pushing
　branches to remote repositories, 223
　CouchApp to CouchDB, 147–148
PUT, 95, 146

Q
:q command, 279
QEDServer, xiv, 74
quantity property, 88
queries, data, 148
query strings, pagination, 63
quotation marks, styling, 8
quotes, styling, 6–12

# R
R=301 option, 294
radius, buttons, 4
Rake, 296–304
randomString(), 28
ready(), 26
readyForNextPage(), 77
recording, Selenium tests, 238
redirection, see also rewriting URLs
　Backbone routing, 102–106
　domain name, 271, 294
　Dropbox, 271
　.htaccess, 289
　offsite image requests, 289
　preserving links, 291–295
reduce.js, 148
refactoring with templates, 89–92
refreshing pages, 79–84, 94, 137, see also updating
regular expressions in rewriting URLs, 291–292
relational databases, 145

remote access
　cross-site, 134–137
　repositories, 222–224
　widgets, 138–143
remove(), 92, 108
Remove button, 91
render(), 100, 105
renderProduct(), 101, 107
rendered variable, 68
replace(), 64
replacePageNumber(), 64
repositories
　local, 217
　remote, 222–224
request headers, 78
restore points, 275
Resume button, 22
return false, 56
reverse value, 175
RewriteEngine, 292
RewriteRule, 292
rewriting URLs, see also redirection
　blocked image requests, 289
　CouchDB, 151
　preserving links, 291–295
rotate.js file, 19
rotating images, see cycling images
rounding corners, 4, 10, 203
Routers, Backbone, 94, 102–106
RSpec, 255
The RSpec Book, 255
Ruby
　about, xiv
　automated deployment, 296–304
　blog recipe, 193
　Cucumber Testing Harness, 244
　installing, 305–307
Ruby on Rails
　commit logs widget, 138–143
　preserving URLs, 295
RVM (Ruby Version Manager), 306–307

S
Safari tools, 229
same origin policy, 134

sandbox, *see* VirtualBox
Sass
    automated deployment, 303
    Compass, 191, 207
    Guard support, 215
    modular style sheets, 201–207
Sass Classic, 208
Sauce Connect, 245
Sauce Labs, 243–254
Sauce Scout, 254
save(), 106
saving Selenium tests, 240
scale-with-grid, 188
scaling, 17, 188, 276
scatter plots, 120
scenarios, Cucumber, 247, 250
scoping code, 140
scp command, 130, 275
screen readers
    animations, 17
    page updates, 98
    text box updates, 85, 87
<script> element, 211
scrollToNext(), 62
scrollToPrevious(), 62
scrolling
    endless pagination, 73–78, 80–83
    keyboard shortcuts, 59–63
    widget, 142
SCSS syntax, 208, *see also* Sass
search boxes and forms
    icons, 171
    keyboard shortcuts, 59, 65
    mobile devices, 171, 176
search engines, rewriting URLs, 291, 293
securing
    Apache, 283–290
    content, 287–290
Selenium
    advanced tests, 240
    automated testing, 242–254
    individual testing, 237–241
Selenium Grid, 241, 246
@selenium object, 249

Selenium Remote Control, 241
selenium-rc gem, 254
self-signed certificates, 283–285
semantic markup, 41, 191
serialize(), 57
series property, 120
Server Name Indication (SNI) certificates, 286
servers, *see also* automated deployment
    blogging with Jekyll, 196
    changing config files with Vim, 277–281
    QEDServer, xiv
    securing Apache, 283–290
    securing content, 287–290
setHelperClassTo(), 28
setIconTo(), 27
set_icon_to(), 232
setup(), 260
setupButtons(), 21
setupCreateClickEvent(), 260
SFTP client, 275
shadows
    buttons, 4, 203, 207
    containers, 189
sharing folders in Dropbox, 269
sheen animation, 13–17
shell commands, xiii
shiftKey property, 65
shopping cart updates, 84–92
shortcuts, keyboard, 59–66
.show(), 49
Sign-up button, 234
signing keys, 284
site optimization, 17
size
    animations, 17
    buttons and links, 3
    charts and graphs, 121
    quotes, 7
    Skeleton grid, 185
    speech bubbles, 11
    tabs, 49
Skeleton, 158, 184–192
skewing, 17
slide, 31
slideDown(), 49

slideshows, 18–22
sliding
    help dialogs, 31
    tabs, 49
snapshots, 275
SNI (Server Name Indication) certificates, 286
spam, avoiding, 34
speech bubbles, 10–12, 201–207
spies, Jasmine, 261
spinner image, 74, 78
sprites, 178–181
spyOn(), 261
spyOnEvent(), 262
src attribute, 136
SSH keys, 222, 303
ssh-keygen command, 223
SSL, 283–286
staging files, 218
start_page parameter, 81
stash command, 221
state-aware Ajax, 79–83
static maps, 112
static sites
    automated deployment, 215, 296–304
    CoffeeScript and Sass, 215
    generator, 193–200
    hosting with Dropbox, 268–271
status site recipe, 144–152
step definitions, 248, 251
stopPropagation(), 161
storing changes in Git, 221
strings
    concatenation, 67, 69, 214
    ID, 28
    interpolations, 214
    locator, 249
    pagination queries, 63
style sheets, *see* CSS
styleExamples(), 46, 49
<style> tag and emails, 41
styling
    blogs, 197
    buttons and links, 2–5, 156, 201–207
    forms, 127, 300
    help dialogs, 24–31

lists for mobile devices, 154–158
Media Queries, 189
popup windows, 162
quotes, 6–12
Sass modular style sheets, 201–207
sheen animation, 14–16
Skeleton, 185–190
speech bubbles, 10–12, 201–207
tabs, 6, 49
widgets, 142
subcategories, *see* dropdown menus
submit, 176
Submit button, 127
submit event, intercepting, 57
success(), 103
success callback, 103, 107, 124, 151
swapping, tabbed interfaces, 45–51
synchronizing
files with Dropbox, 269
files with Git, 216–225
shopping cart data, 92
syntax highlighting, 200

T

tabTitle variable, 48
tabbed interfaces
Skeleton, 191
styling, 6, 49
toggling, 45–51
table-based layouts, 34–44, 86
tag clouds, 200
tapping
binding, 176
drop-down menus, 160–161
Target action in Selenium, 238
targeting mobile devices, 154–158
tasks, Ruby, 301
<tbody> tag, 86, 90
template variable, 100
templates
Backbone, 93
blogs, 194
external, 70
fetching with CoffeeScript, 212

HTML email, 34–44
iteration, 70
jQuery Mobile, 174–176
Knockout support, 84
list, 99–102
Mustache, 67–72
refactoring with, 89–92
Skeleton grid, 184–192
static pages, 199
test driven development (TDD), 255
test-driven development (TDD), 264
testing, *see also* automated testing
Cucumber-driven Selenium, 242–254
email style, 42
Firebug, 233
forms, 130
heatmaps, 234–236
jQuery Mobile, 173
JavaScript, 255–264
saving tests, 240
Selenium, 237–254
virtual machines, 272–276
testiphone.com, 173
text editors, *see* Vim
text?(), 253
Textile, 195
texture, buttons, 4
Thawte, 286
<thead> tag, 86
then statements, 247
threshold variable, 78
thumbnails, collapsing and expanding, 57
titles
blog post files, 195–196
browser, 82
static pages, 199
status notifications, 145
tabs, 47
to-do application, 255–264
to_html(), 68, 70
todo variable, 259
toggleControls(), 21
toggleDisplayOf(), 30
toggleExpandCollapse(), 55
toggling
collapsing and expanding lists, 53–57
dialog boxes, 30

Play and Pause buttons, 21
tabbed interfaces, 45–51
touch events
drag and drop, 162–168
drop-down menus, 159–161
touchend, 162–168
touchstart, 162–168
tracking activity with heatmaps, 234–236
transformations, 13–17
transitions, 13, 15, 22
transparency, alpha, 204
type(), 252

U

Ubuntu
Git installation, 223
RVM installation, 307
securing Apache, 283–286
virtual machines, 272–276
UI Tabs, 47
<ul> tag, 156, 173
Underscore, 93, 97, 101
university map, 113–117
updateBrowserUrl(), 82
updateContent(), 83
updating, *see also* rewriting URLs
pages with Knockout, 84–92
screen readers, 85, 87, 98
url(), 99
URL hashes, 80, 102
url_s attribute, 135
URLs
Ajax links, 30, 79–83
Backbone, 99
Cucumber testing, 246
help dialogs, 30
images, 43
monitoring with Backbone, 93
pagination, 63, 75
public Dropbox folder, 269
redirecting, 102–106, 271
remote data, 135

rewriting, 151, 289, 291–295
routing changes, 102–106
user information widget, 143

V
Value action in Selenium, 238
value attributes, 88
value property, 131
vanity domains, 271
verifyTextPresent(), 239
VeriSign, 286
version control
    automated deployment, 304
    Git, 216–225
view models, 84, 92
viewport tag, 155
views
    Backbone, 94, 106–109
    CouchDB, 147–148
views folder, 147
Views, Backbone, 105
Vim, 59, 277–281
VimCasts, 281
virtual machines
    about, xiv
    automated deployment, 296–304
    changing config files with Vim, 277–281
    ClickHeat, 234
    contact forms testing, 130
    remote repositories, 222
    rewriting URLs, 291–295
    securing Apache, 287–290
    securing Apache with SSL and HTTPS, 283–286
    securing content, 287–290
    setting up, 272–276
VirtualBox, xiv, 272–276
visual mode, Vim, 278
VMware, 276

W
:w command, 279
watching files
    Guard, 214
    Jasmine, 261
    Sass, 202
Web Inspector, 229
when statements, 247, 251
widget(), 142
widget recipe, 138–143
width
    charts and graphs, 121
    images, 179, 188
    mobile devices, 154–155, 179
    table-based layouts, 38
    widget, 142
wildcard certificates, 286
window object, 99
wireframes, *see* mockups
WordPress, 200

X
Xcode, 306
XPath, locator function in Selenium, 239

Y
Yahoo Mail, 35
YAML, 195, 199
Youth Technology Days hosting recipe, 268–271

Z
z-index attributes, 9
zooming
    buttons and links, 3
    maps, 115

翻译审校名单

章节	译者	审校
读者对本书的赞誉	兰蔚	徐定翔、罗兆波、江津
前言、致谢	兰蔚	徐定翔、罗兆波、江津
第1章	朱汇聪	姚尚朗、江津
第2章	罗兆波	朱汇聪、江津
第3章	叶伟	罗兆波、江津
第4章	王雪	叶伟、江津
第5章	王瑜洁	罗兆波、江津
第6章	任芳	罗兆波、江津
第7章	姚尚朗	任芳、江津
附录	兰蔚	徐定翔、江津